Sieck

Next Level Key Account Management

Next Level
Key Account Management

Das **Profi-Buch für Führungskräfte,**
die Key Account Management einführen
und weiterentwickeln möchten

von

Hartmut Sieck

Verlag Franz Vahlen München

Das Motto von **Hartmut Sieck** lautet: „Topkunden begeistern". Er ist Gründungsmitglied sowie Vorstand der *European Foundation for Key Account Management* und hat sich in den letzten 25 Jahren einen Namen als Experte für die Themen Key Account Management und Vertrieb im Business-to-Business-Umfeld gemacht. In den Verlagen C.H.Beck und Vahlen sind bereits mehrere Bücher von ihm erschienen, unter anderem das Standardwerk „Der Key Account Manager".

ISBN Print: 978 3 8006 7078 9
ISBN e-PDF: 978 3 8006 7079 6
ISBN ePub: 978 3 8006 7080 2

Satz: Fotosatz Buck
Zweikirchener Str. 7, 84036 Kumhausen
Druck und Bindung: Beltz Grafische Betriebe GmbH
Am Fliegerhorst 8, 99947 Bad Langensalza
Umschlaggestaltung: Ralph Zimmermann – Bureau Parapluie
Bildnachweis: © treety-stock.adobe.com

Gedruckt auf säurefreiem, alterungsbeständigem Papier
(hergestellt aus chlorfrei gebleichtem Zellstoff)

Inhaltsverzeichnis

Bevor Sie starten

Herzlichen Dank, dass Sie sich für dieses Buch entschieden haben und sich für das spannende Thema Key Account Management (KAM) interessieren. Die systematische KAM Methodik ist mittlerweile circa 60 Jahre alt und damit verbunden stellt sich auch die Frage, ob es denn heute überhaupt noch ein Buch zu diesem Thema braucht. Die grundlegende Philosophie hinter dem KAM-Konzept ist auch heute noch gleichgeblieben. Aber die Umsetzung und die damit verbundenen Ansätze haben sich in den letzten Jahren und Jahrzehnten stark verändert und weiterentwickelt. Haben wir früher noch von einem langfristigen KAM gesprochen, so ist heute ein agiles, mittelfristig ausgerichtetes Konzept gefragt. Während vor 20 Jahren die Key Accounts meist nach der 80/20-Regel (dem Pareto-Prinzip) umsatzgetrieben einmal ausgewählt wurden, sind heute die Auswahlkriterien wesentlich differenzierter und reichen von der Komplexität des Kunden bis hin zur gezielten Ansprache von Endkunden, welche die Kaufentscheidung maßgeblich bestimmen. Dabei braucht es heute auch eine kontinuierliche Überprüfung des Key Account-Portfolios, während es „damals" wesentlich stabiler über Jahre hinweg gleichgeblieben ist. Haben wir früher noch von strategischen Partnerschaften gesprochen, ist heute ein Lean KAM-Ansatz für viele Unternehmen wesentlich passender. Und als letztes kleines Beispiel noch eine Formulierung, die wohl jeder kennt. KAM steht für *„One face to the customer"*. Aus Sicht des Kunden ist diese Aussage auch heute noch durchaus richtig. Aus der Anbieterbrille ist dagegen die folgende Formulierung der Schlüssel zum Erfolg:

„One consistent message to the customer"

Mein geschätzter Kollege Prof. Dr. Dirk Zupancic hat einmal sinngemäß gesagt: *„Wenn Sie Key Account Management vermeiden können, tun Sie es, denn es ist jede Menge Arbeit und Aufwand damit verbunden"*.

Märkte und Anforderungen haben sich in den letzten Jahren und Jahrzehnten deutlich weiterentwickelt und ein professionelles Key Account Management ist heute wichtiger denn je. Für viele Unternehmen stellt sich aufgrund der Kunden- und Marktstruktur gar nicht die Frage, ob sie Key Account Management brauchen. KAM ist zu einem lebensnotwendigen, kritischen Erfolgsfaktor geworden!

Das heißt in Summe: Nutzen Sie die Key Account Management Methodik nur, wenn Sie es wirklich brauchen. Wenn Sie KAM umsetzen, dann aber bitte richtig, da halbherziges KAM häufig sogar Umsatz kostet und Geschäfte gefährdet!

In meinen Beratungsprojekten wird mir häufig eine Frage gestellt: *„Lieber Herr Sieck, welches Unternehmen ist für Sie ein Benchmark im Key Account Management?“* Meine Antwort darauf ist immer dieselbe: *„Ich kenne viele Unternehmen, die einen superguten Job im KAM machen, aber fast alle sind in einigen Bereichen des KAM exzellent aufgestellt, während dasselbe Unternehmen in anderen Bereichen des KAM-Programms definitiv noch Ausbaupotenzial hat.“*

Der ehemalige Leiter KAM von Schmitz Cargobull hat einmal auf einer Veranstaltung der efkam (European Foundation for Key Account Management) gesagt, dass er zwölf Jahre für den Aufbau vom KAM gebraucht habe. Viele meiner Mandanten bekommen bei dieser Aussage immer einen riesigen Schreck und wollen das KAM definitiv schneller einführen. Eine erste Einführung schaffen sie auch in sechs bis zwölf Monaten, aber es gilt dann, anschließend das System kontinuierlich weiterzuentwickeln und zu optimieren.

Excellenz in Key Account Management ist kein Ziel, sondern eine Reise!

Braucht es also noch ein KAM-Buch? Mit diesem Buch möchte ich,

- Ihnen die verschiedenen Facetten eines umfassenden KAM-Programms näherbringen,
- Ihnen eine konkrete Anleitung geben, wie Sie KAM einführen, und
- Ihnen auch Impulses liefern, wie Sie Ihr KAM auf das nächste Level bringen können.

Wie würde ich dieses Buch lesen und nutzen?

Starten würde ich direkt mit dem nächsten Kapitel „Key Account Management – Mythen, Definition und Trends", um ein paar grundlegende Mythen und Fragestellungen im KAM zu hinterfragen. Anschließend würde ich – unabhängig, ob ich heute schon ein KAM etabliert habe oder nicht – die Checkliste „Der KAM Fitness-Check" durchlaufen.

Den Kern dieses Buches bildet das Kapitel „Auf dem Weg zum professionellen KAM: Ihr individuelles Key Account Management Handbuch". Wenn ich mich grundlegend über KAM informieren oder auch KAM neu im Unternehmen einführen möchte, würde ich dieses Kapitel Stück für Stück lesen und durcharbeiten. Wenn Sie KAM schon etabliert haben, können Sie auch direkt zu dem Einzelthema innerhalb der acht Dimensionen vom KAM Excellence Modell springen.

Weiter hinten im Buch folgen dann noch die beiden Kapitel „KAM agil und professionell einführen" sowie „Key Account Management kontinuierlich weiterentwickeln". Hier ergibt sich aus der Überschrift bereits, wann Sie welches Kapitel durcharbeiten sollten.

Persönlich finde ich genderkorrekte Bücher sehr schwer zu lesen. Daher habe ich mich entschlossen, entweder die männliche oder die weibliche Form im Buch zu nutzen. Selbstverständlich richtet sich dieses Buch an alle Führungskräfte und Key Account Manager:innen, unabhängig vom Geschlecht.

Final noch ein Hinweis zu den verwendeten Begriffen, weil es in vielen Projekten bereits an diesem Punkt zu unterschiedlichen Interpretationen kommt 😉:

- **KAM oder Key Account Management** beschreibt das Gesamtsystem. Das heißt von der Auswahl der Key Accounts, über die Definition der Sonderleistungen für diese Kunden bis hin zu Fragen der Organisation, Werkzeugen und Steuerung.
- **Key Account** ist ein strategisch wichtiger Kunde oder ein anderer Marktteilnehmer, zum Beispiel der Kunde Ihres Kunden.
- **KA Manager oder Key Account Manager** ist die Person, die die Geschäftsbeziehung zu einem oder mehreren ausgewählten Key Accounts verantwortet.

Viel Erfolg beim Durcharbeiten oder Durchstöbern wünscht Ihnen

Ihr Hartmut Sieck

Teil 1

Key Account Management – Mythen, Definition und Trends

1. Mythen

Alle Kunden sind gleich – so ein Quatsch!

Kernaussagen

- Alle Kunden haben ein Recht auf eine gute, professionelle und freundliche Behandlung.
- Aber nicht alle Kunden sind gleich wichtig. Genau hier kommt Key Account Management ins Spiel.

Haben eigentlich alle Kunden ein Recht darauf, gut, zuverlässig, ehrlich, freundlich, professionell und passend zu ihren Anforderungen bedient zu werden? Definitiv JA! Damit meine ich nicht Sprüche, wie „Der Kunde ist König!“ oder „Bei uns steht der Kunde im Mittelpunkt“. Für mich sind diese hanseatischen Tugenden aus dem ersten Satz eine pure Selbstverständlichkeit, auch wenn es in der Praxis schon sehr häufig an diesen Selbstverständlichkeiten scheitert.

Spannend wird es jetzt bei der zweiten Frage: Sind eigentlich alle Kunden für das Unternehmen gleich wichtig? Definitiv NEIN! Wenn einige Ihrer Kunden morgen nicht mehr da sein sollten, hätte das keinen wirklichen negativen Einfluss auf Ihren Gesamtumsatz oder Ihr Ergebnis. Ganz im Gegenteil, wenn einige Kunden weg wären, würden wir uns mehr um andere Kunden kümmern können, und siehe da, Umsatz und Ertrag steigen! Mein Vater war in seiner beruflichen Zeit immer ein extrem fleißiger Mann. Neben einem ganz normalen Angestelltenjob war er auch noch selbstständig. Wahnsinn! An dieser Stelle: „Respekt, Papa!“ Die Branche würden wir norddeutsch als Gas – Wasser – Scheiße bezeichnen. Auch mein Vater hatte Kunden, die für ihn wichtiger beziehungsweise wertiger waren. Das waren Kunden, bei denen der Umsatz größer war, die pünktlich zahlten und die einfach angenehm im Umgang waren. Für diese Kunden hat er auch mal Kleinigkeiten kostenfrei erledigt oder ist auch am Sonntagmorgen losgefahren, auch wenn es nur ein leicht leckender Wasserhahn war. Hat mein Vater eigentlich den Key Account Management Gedanken umgesetzt? Seine Kundenbetreuung erfolgte durch Intuition und Bauchgefühl. Das funktioniert auch hervorragend bei einem Einzelunternehmer. Bei Unternehmen mit mehreren Mitarbeitern oder gar Konzernen mit Zehntausenden von Mitarbeitern ist Management „bei Bauch“ extrem gefährlich. Die Kundenbearbeitung bei Bauch ist nicht wirklich reproduzierbar und skalierbar. Genau hier braucht es systematische Ansätze.

Key Account Management ist die Methodik, die Sie dabei unterstützt, Ihre Topkunden systematisch zu identifizieren und die Geschäftsbeziehung zu diesen Key Accounts professionell zu managen.

Braucht es KAM in dieser agilen Zeit?

Kernaussagen

- KAM als Methodik ist schon fast 60 Jahre alt, der KAM-Ansatz aber für viele Unternehmen heute wichtiger denn je.
- Das Key Account Management ist mittlerweile stärker mittelfristig und weniger langfristig ausgerichtet.

In Seminaren starte ich gern mit einem Bild von einem Oldtimer. Ein wunderschönes Mercedes-Benz Cabriolet aus dem Jahre 1959. Meine Frage an die Teilnehmer lautet dann: Wo könnte der Zusammenhang zwischen diesem Auto und Key Account Management liegen? Nach einer kurzen Diskussion kommen wir dann zu dem Punkt, dass der systematische Key Account Management-Ansatz bereits 60 Jahre alt ist. Wahnsinn, oder? Damit verbunden sind ein paar elementare Herausforderungen.

1. Wenn Sie zehn Personen fragen, was Key Account Management eigentlich ist, bekommen Sie durchaus zehn unterschiedliche Interpretationen.
2. Wenn ich mit Vertriebsleitern oder Geschäftsführern spreche, erhalte ich oft die Aussage, dass KAM im Unternehmen schon lange umgesetzt wird. Wenn man dann etwas tiefer eintaucht, stellt man aber fest, dass die Verkäufer heute Key Account Manager heißen. Das war es dann aber auch schon!
3. In internationalen Unternehmen wird es dann noch spannender. Dort hat die Firmenzentrale ein ganz anderes Verständnis von KAM als die verschiedenen Landesgesellschaften.

Kurzum: Alle reden darüber, alle nutzen dieselben Vokabeln, aber alle reden aneinander vorbei.

Wenn KAM aber nun schon so alt ist, passt es dann überhaupt noch in diese moderne, agile VUCA-Welt? Die Antwort darauf lautet ganz klar: JA! Key Account Management ist aus meiner Sicht heute noch wichtiger als früher. Viele Dinge haben sich im Laufe der Zeit aber ganz klar weiterentwickelt. Hier ein paar Beispiele aus der Praxis:

	Überholtes KAM-Verständnis	Modernes KAM
1	20 Prozent der Kunden generieren 80 Prozent vom Umsatz. Diese wenigen Kunden sind damit Key Accounts!	So einfach ist die Welt heute nicht mehr. Heute können Key Accounts auch für sehr wenig und sogar für Null-Umsatz stehen.
2	Umsatz ist das Hauptkriterium für die Key Account Auswahl.	Komplexität, strategische Bedeutung, internationale Organisation und das adressierbare Umsatzpotenzial des Kunden sind heute wesentlich dominanter.
3	KAM ist ein langfristiger Ansatz (5–10 Jahre).	KAM steht heute eher für einen mittelfristigen Ansatz. In Key Account Plänen schauen wir meistens auf einen Horizont von drei Jahren (mehr nicht!).
4	Key Accounts sind in der Regel große, direkte Kunden.	Das stimmt heute immer noch, aber auch Kunden der Kunden werden heute wesentlich häufiger als Key Accounts klassifiziert, da dort die Entscheidungen getroffen werden. Dazu kommen dann noch Multiplikatoren wie Verbände, Leuchtturmkunden oder wichtige Beeinflusser im Markt.
5	Der KAM-Ansatz wird direkt im gesamten Unternehmen ausgerollt.	Wenn KAM eingeführt wird, erfolgt das heute über ein Prototyping, in dem das Modell immer wieder angepasst und optimiert wird.
6	Die Key Account-Liste wird alle paar Jahre überprüft.	Die Liste der Key Accounts muss heute wesentlich häufiger überprüft werden, da sich die Märkte schneller ändern.
7	Key Account Manager werden nach Umsatz bezahlt.	Key Account Teams werden als Team am Erfolg des Unternehmens beteiligt.

Die Komplexität der Entscheidungsprozesse, die Machtbündelung einiger Konzerne, die internationale (globale) Ausrichtung der Kunden, die Zusammenarbeit in (internationalen) Projektteams macht den Einsatz von KAM heute noch bedeutender denn je. KAM ist für fast alle Unternehmen heute Pflicht und keine Kür!

Next Level KAM-Ideen

- Nehmen Sie die sieben Punkte aus der obigen Tabelle und überprüfen Sie einmal, inwieweit Ihr KAM Verständnis mit dem eines modernen KAM überstimmt.
- Wie agil und anpassungsfähig ist eigentlich Ihr KAM-Programm? Wie schnell reagieren Sie auf Veränderungen im Markt, um das KAM-Programm neu auszurichten?

Realitycheck: KAM als Unternehmens- oder als Vertriebsansatz?

Kernaussagen

- Key Account Management ist ein ganzheitlicher Unternehmensansatz!
- In der Praxis finden wir aber auch KAM als reinen Vertriebsansatz – und das ist auch in Ordnung!

Eine Frage führt immer wieder zu sehr spannenden Diskussionen!

Ist Key Account Management ein ganzheitlicher Unternehmensansatz oder ein reiner Vertriebsansatz?

Auf meine Frage erhalte ich immer eine Rückfrage: *„Hartmut, meinst du, wie es sein sollte, oder meinst du, wie wir es umsetzen?"*

Und dann kommen die Antworten der Teilnehmer, die zu fast 100 Prozent immer deckungsgleich sind. *„Key Account Management ist definitiv ein ganzheitlicher Unternehmensansatz. Wir leben es aber als Vertriebsansatz!"*

Worin liegt der Unterschied?

Fall 1: Stellen Sie sich vor, Ihr wichtigster Key Account Kunde hat vergessen, seine Rechnung pünktlich zu zahlen. Wie reagieren Sie jetzt? Wird der Kunde durch Sachbearbeiter in der Finanzbuchhaltung auf Lieferstopp gesetzt oder gibt es einen fest definierten Prozess für Key Account Kunden, der den Key Account Manager involviert, um den Sachverhalt zu klären?

Fall 2: Stellen Sie sich vor, Sie haben von einem Produkt nur noch einen Artikel auf Lager. Drei Kunden haben eine Bestellung für diesen Artikel ausgelöst. Wer bekommt ihn? Der Kunde, der zuerst bestellt hat? Der Kunde, der am lautesten schreit? Oder der Key Account?

Das heißt im Klartext, dass Key Account Management über die reine Vertriebsorganisation hinausgeht und auch andere Abteilungen im Unternehmen

Konsequenzen aus dem KAM-Ansatz gezogen haben. Die Abteilungen gehen eine Extrameile für die ausgewählten Key Accounts!

Jetzt kommt eine Aussage, die ich so noch nie in einem Buch festgehalten habe. Seit 2002 versuche ich, Unternehmen bestmöglich dabei zu begleiten, Key Account Management möglichst professionell einzuführen, systematisch umzusetzen und kontinuierlich weiterzuentwickeln. Ich habe dabei immer für Key Account Management als fokussierten und ganzheitlichen Unternehmensansatz gekämpft. Aus heutiger Sicht würde ich sagen, dass das falsch war! Es gibt Key Account Management auch als reinen Vertriebsansatz und ja, ich höre jetzt schon alle Gelehrten, die sagen, das stimmt nicht oder wäre Verrat am KAM Gedanken. Die Praxis ist aber eine andere!

KAM als Unternehmensansatz

Wenn Sie Key Account Management wirklich als Unternehmensansatz umsetzen wollen, bedingt das eine wichtige Grundvoraussetzung! Diesen Ansatz können Sie nur für wenige Key Accounts umsetzen. Wenn ich von wenigen Kunden rede, dann kann das auch eine Zahl von 25, 30 oder sogar 50 sein, aber es sind eben keine 500 Kunden. Stellen Sie sich nur den oben beschriebenen Fall 2 vor. Wenn Sie 500 Kunden als Key Accounts bezeichnen, gibt es schon wieder keine Vorfahrtsregelung für Key Accounts, weil alle Kunden diesen Titel tragen.

KAM als Vertriebsansatz

Bei Key Account Management als Vertriebsansatz war die Ursprungsintension für KAM eine ganz andere. Bei Kunden, die mehrere Standorte, überregional oder sogar international aufgestellt sind und vielleicht sogar noch besondere Anforderungen haben, stößt der „normale" Flächenvertriebsansatz schlichtweg an seine Grenze. Diese komplexeren Kunden brauchen eine andere Art der Betreuung. Jetzt kommt das Key Account Management Team ins Spiel. Dieses Team verantwortet genau diese Kunden mit mehreren Standorten. Für den internationalen Bereich gibt es vielleicht sogar noch ein unterstützendes Team, das weiß, wie man internationale Verträge aufsetzt und die Koordination zu den Auslandsgesellschaften übernimmt. In diesem Ansatz kann die Anzahl der Kunden aber auch in ganz anderen Dimensionen vorstoßen. Hier können wir auch von 500+ Key Accounts sprechen. Durch die standortübergreifende Bearbeitung werden Potenziale bei diesen Kunden bestmöglich gehoben und die Kunden spüren den Mehrwehrt einer anderen „Betreuung" durch den Key Account Manager. Wenn wir aber ehrlich sind, hat dieser Ansatz keine direkten Auswirkungen auf andere Abteilungen. Dort werden Anliegen immer noch nach einem „First-in-first-out-Prinzip" bearbeitet. Eine Vorrangbearbeitung der Key Accounts erfolgt nicht. Ist dieser Ansatz trotzdem ein Key Account Management Ansatz? Für mich lautet die Antwort aus der Praxis (heute):

JA! Aber Achtung: Wir müssen die KAM-Methodik dann entsprechend verschlanken und anpassen.

Beispiel: Der Key Account Plan ist bei diesem Ansatz eher ein kompakter Sales Plan und weniger ein ganzheitlicher Plan mit detaillierter Kunden-, Markt und Wettbewerbsanalyse!

Kann es in einem Unternehmen auch beide Ansätze geben? Aus meiner Sicht: JA!

KAM als Vertriebsansatz für die vielen Kunden mit mehreren Standorten und KAM als Unternehmensansatz für wenige Top Key Accounts, die eine hohe strategische Bedeutung haben. Wenn Sie allerdings KAM als Unternehmensansatz bereits umsetzen, empfehle ich Ihnen dringend, andere Begrifflichkeiten einzuführen.

Beispiele:

- **Key Account:**
  Kunde mit mehreren Standorten und Potenzial > x €
- **International Key Account:**
  International aufgestellter Kunde mit Potenzial > x €
- **Strategic Key Account:**
  Ein Account mit hoher strategischer Bedeutung für das Unternehmen
- **Corporate Strategic Key Account:**
  Ein Account mit hoher strategischer Bedeutung für mehrere Unternehmen aus Ihrer Unternehmensgruppe

Unterschiedliche Begriffe bringen hier Klarheit ins Unternehmen!

Next Level KAM-Ideen

- Nutzen Sie heute den reinen Vertriebs- oder den ganzheitlichen Unternehmensansatz? Leben Sie diesen Ansatz bewusst und haben alle im Team ein gemeinsames Verständnis, welchen Ansatz Sie warum umsetzen?
- Auch wenn Sie KAM als Vertriebsansatz nutzen, kann ein darauf aufbauender ganzheitlicher Unternehmensansatz für wenige Key Accounts sinnvoll sein!
- Nutzen Sie klar differenzierte Begriffe, um die KAM Ansätze (vertrieblich oder ganzheitlich) im Unternehmen zu unterscheiden.

Mythos: „One face to the customer"

Kernaussagen

- „One face to the customer" entspricht durchaus dem Kundenwunsch, greift aber für ein professionelles KAM viel zu kurz!
- Key Account Management steht heute vielmehr für „One consistent message to the customer"

Wenn ich in Vorträgen und Veranstaltungen Teilnehmer frage, was ihnen spontan bei dem Begriff Key Account Management in den Sinn kommt, dann ist eine Antwort immer unter den Top 5:

Key Account Management steht für „One face to the customer"

Ist diese Aussage aber wirklich richtig beziehungsweise greift sie nicht viel zu kurz? Fakt ist, dass Kunden durchaus genau diese Anforderung an ein Key Account Management auf der Lieferantenseite stellen. Sie möchten einen zentralen Ansprechpartner, der sich um Themen und Probleme unabhängig vom Standort oder einem Land kümmert – getreu dem Motto: *„Lieber Lieferant, machen Sie Ihre komplexe Unternehmensorganisation nicht zu unserem Problem!"*

Grundsätzlich gibt es drei unterschiedliche Beziehungsmodelle, wie ein Lieferant mit einem Kunden zusammenarbeiten kann.

Modell 1: 1 zu 1

Auf der Anbieterseite repräsentiert der Key Account Manager das gesamte Unternehmen. Er bildet die Schnittstelle zum Kunden. Auf der Kundenseite finden wir in diesem Modell ein vergleichbares Setup. Auch dort wird die gesamte Kommunikation zum Lieferanten über einen Ansprechpartner gebündelt. In den meisten Fällen finden wir hier die Position des Einkäufers als zentrale Schnittstelle.

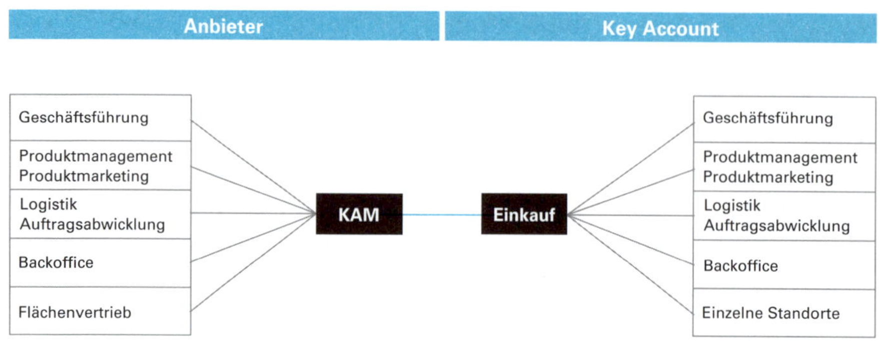

Abbildung 1: 1 zu 1-Beziehungsmanagement

Dieses Beziehungsmodell sieht im ersten Moment sehr schlank und effizient aus. In der Praxis hat es viele Nachteile. Verlässt der KAM oder der Einkäufer beispielsweise das Unternehmen, kann das schnell zu einem Totalverlust der Geschäftsbeziehung führen. Außerdem führt dieses Modell immer wieder zu „Stille-Post-Spielchen". Und als Key Account Manager müssen Sie dem Einkauf quasi alles glauben, da Ihnen andere Informationsquellen schlichtweg verwehrt bleiben.

Modell 2: 1 zu n

In diesem Modell baut der Key Account Manager ein breiteres Beziehungsnetz in die Kundenorganisation hinein auf. Damit hat er Zugang zu verschiedenen Informationsquellen und ist auch wesentlich näher an den Anwendern und Abteilungen dran, die Lösungen benötigen. Definitiv ist dieses Modell viel besser als das 1 zu 1-Beziehungsmodell! Aber Achtung, auch dieses Modell hat seine Tücken:

- Was passiert, wenn der Key Account Manager das Unternehmen verlässt und es im schlimmsten Fall auch keine saubere Dokumentation im CRM oder Key Account Plan gibt?
- Glauben wir als Key Account Manager wirklich, dass wir ein adäquater Ansprechpartner auf Augenhöhe für die Fachabteilungen oder auch das Management des Kunden sind? Wohl kaum, oder?

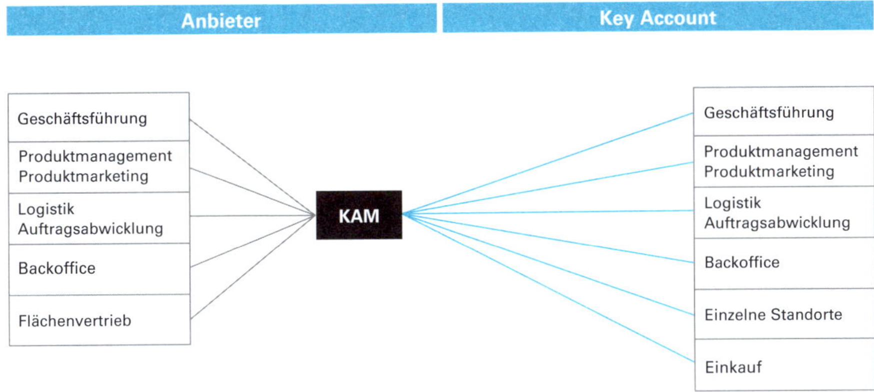

Abbildung 2: 1 zu n-Beziehungsmanagement

Modell 3: n zu n

In diesem dritten Modell wird eine direkte Beziehung zwischen den verschiedenen Fachabteilungen sowie Hierarchiestufen bis hin zum Management etabliert. Das Beziehungsnetz wird damit wesentlich fester und breiter aufgestellt als in den ersten beiden Modellen. Es gibt eine schnelle, direkte Kommunikation zwischen den Personen, die eine (Fach-)Sprache sprechen. Wir sprechen jetzt von einem Key Account Teamansatz. In Workshops sind sich die Teilnehmenden immer schnell einig: Das n zu n-Modell ist das Zielmodell für ein professionelles Key Account Management.

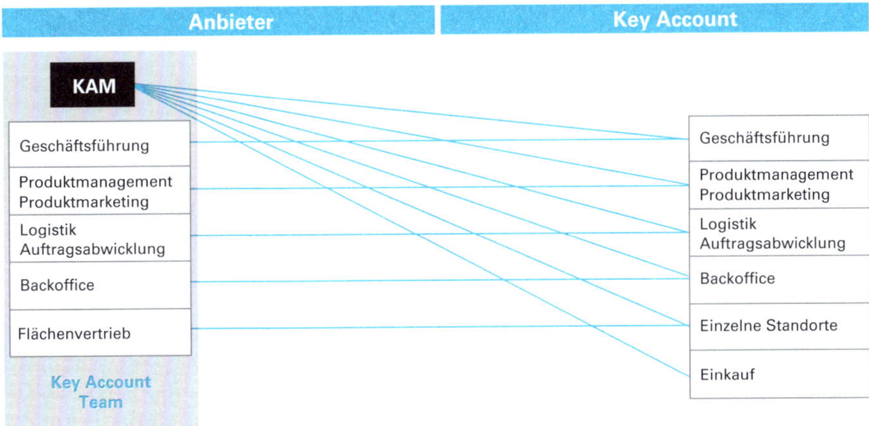

Abbildung 3: n zu n-Beziehungsmanagement

Aber es gibt eine entscheidende Herausforderung. Wenn sich die einzelnen Personen auf der Lieferantenseite nicht gut abstimmen, kann das schnell im Chaos enden. Hier drei kleine Fälle aus der Praxis:

1. In einem direkten Termin auf Fachebene, an dem der Key Account Manager nicht teilnehmen konnte, wurde eine Zusatzleistung vereinbart. Der Kunde war auch bereit, dafür zu zahlen. Der Key Account Manager ruft am nächsten Tag den Kunden ohne Abstimmung an und verschenkt die Leistungen für das erste Jahr, obwohl der Kunde zahlungsbereit war.
2. Ein globaler Rahmenvertrag wird mit dem Key Account verhandelt. Dummerweise passiert das unabgestimmt und parallel in den USA und Europa. Jetzt liegen dem Lieferanten zwei aktive, globale Vereinbarungen vor.
3. Ein Key Account profitiert von einer globalen Preisvereinbarung. Unglücklicherweise bietet die Landesorganisation allen Kunden in Italien ein Produkt zum Schnäppchenpreis des Monats an. Der lokale Einkäufer des Key Accounts berichtet das gleich dem globalen Einkäufer, womit der Schnäppchenpreis aus Italien zum Dauerschnäppchen auf globaler Ebene wurde.

In den meisten Fällen müssen wir das n zu n-Beziehungsmodell in Unternehmen gar nicht neu einführen, denn es ist sowieso schon da! Es gibt auch heute schon Kontakte vom Innendienst zu Personen auf der Kundenseite, der Flächenvertrieb betreut einzelne Standorte des Key Accounts, bei internationalen Key Accounts gibt es lokale Beziehungen in den Ländern und auch das Topmanagement war schon einmal beim Kunden.

Ein kritischer Erfolgsfaktor wird damit der Informationsfluss innerhalb des Key Account Teams. Als Team gilt es, abgestimmt gegenüber dem Kunden aufzutreten. Damit kommen wir auch zum Titel für dieses Modell:

One consistent message to the customer

Next Level KAM-Ideen

- In der Praxis bleiben viele Unternehmen im Modell 2 stehen, weil die Key Account Manager den Kunden als IHREN Kunden ansehen. Hier gilt es, für die Top Key Accounts ein strukturiertes Modell 3 zu definieren und umzusetzen.
- Definieren Sie im Modell 3 die Teammitglieder und schaffen Sie ein einheitliches Verständnis der Kommunikationsregel. (Wer muss wen, wann, über was informieren? Wer darf was entscheiden und kommunizieren?)
- Stellen Sie sicher, dass alle Mitwirkenden im Modell 3 ein einheitliches Zielbild vor Augen haben. In der Praxis scheitert das häufig an den „alten" Steuerungs- und Vergütungsmodellen, die auf Individualziele ausgerichtet sind!

Der Balanceakt: Sind Key Account Manager mehr beim Kunden oder intern unterwegs?

 Kernaussagen

- Key Account Manager sind die Schnittstelle zwischen dem Key Account und dem eigenen Unternehmen.
- Aus dieser gefühlten Selbstverständlichkeit ergibt sich aber die Notwendigkeit für ein gut ausbalanciertes Beziehungsnetz zu vier Personenblöcken (extern in die Firmenzentrale des Key Accounts, extern in die Standorte des Key Accounts, intern zum Vertriebsteam, intern zu anderen Abteilungen).

Grundsätzlich handelt es sich bei der Position des Key Account Managers um eine Schnittstellen Funktion zwischen dem Key Account und dem eigenen Unternehmen. Wie viel Zeit sollte ein Key Account Manager jetzt allerdings extern beim Key Account und wie wenig Zeit sollte er intern im eigenen Unternehmen verbringen?

Zu dieser Fragestellung gibt es immer wieder lange Diskussionen, die schon teilweise in Glaubenskriege ausarten.

Im guten alten Flächenvertrieb war es üblich, dass ein Verkäufer vier idealerweise fünf Tage die Woche mit dem Auto unterwegs war und am besten zehn oder mehr Kundentermine am Tag vor Ort durchgeführt hat. Diese hohe Taktung gab es im Key Account Management noch nie. Im KAM mussten Termine meist intensiver vorbereitet und häufig auch andere Abteilungen in diese Terminvorbereitungen mit einbezogen werden. Dazu kam dann auch noch der Reiseaufwand, der notwendig war, um national oder erst recht international zum Kunden zu kommen. So konnte es durchaus sein, dass ein Key Account Manager vielleicht nur einen Kundentermin vor Ort pro Woche oder sogar nur vier Termine gebündelt pro Monat durchführen konnte.

Dann kam Covid-19 ins Spiel und zu Beginn durfte keiner von uns mehr reisen und am Ende musste auch niemand mehr reisen. Der Key Account Manager tauschte seinen Lufthansa Senator Status gegen den Microsoft Teams Heavy User Status ein. Kundenkontakte wurden digital! Damit gestiegen ist auch plötzlich die Anzahl der Termine mit den Key Accounts. Zu einem kurzen 30-Minuten-Online-Call aus dem Homeoffice heraus war auch der Kunde schneller bereit. Was geblieben ist, ist die Frage von oben: Wie viel Zeit muss ein Key Account Manager mit dem (nicht notwendigerweise beim) Kunden oder wie viel Zeit muss er intern im eigenen Unternehmen verbringen?

Der Key Account Manager als Schnittstellenfunktion steht zwischen vier Blöcken.

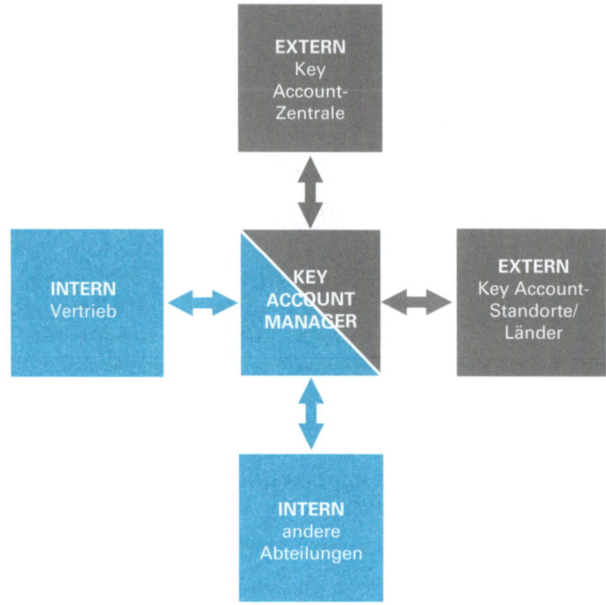

Abbildung 4: Key Account Manager im internen und externen Beziehungsnetz

- **Block 1: die Firmenzentrale des Key Accounts**
  Dieser erste Personenblock ist für alle ganz selbstverständlich. Der Key Account Manager baut ein Beziehungsnetz zu den wichtigsten Personen innerhalb der Firmenzentrale des Key Accounts auf. Hier gilt es, die Grundlage für die Geschäftsbeziehung zu legen. Rahmenverträge müssen geschlossen und Produkte beziehungsweise Lösungen zentralseitig vom Kunden freigegeben werden. Viele Key Account Manager, aber auch Führungskräfte, sehen diesen ersten Block als den Hauptblock, wenn nicht sogar als den einzigen Block an!

- **Block 2: die Standorte des Key Accounts**
  Viele Key Account Manager sehen sich hier nicht mehr in der Verantwortung. Die Beziehung zu den einzelnen Landesorganisationen, Standorten oder auch Niederlassungen des Key Accounts werden schließlich (in der Regel) von der Flächenvertriebsorganisation verantwortet. Aus meiner Sicht ist diese Sichtweise allerdings etwas schwarz-weiß! Key Account Manager sind auch Türöffner für die Kollegen aus dem Flächenvertrieb beziehungsweise sind auch dafür verantwortlich, „Best-Practice"-Ansätze von einem Standort zu einem anderen zu multiplizieren. Dazu ist es aber notwendig, dass der Key Account Manager auch ein Beziehungsnetz zu ausgewählten Personen in den Standorten des Key Accounts pflegt!
  Diese ersten beiden Blöcke sind extern ausgerichtet. Mit Block drei und vier schwenken wir jetzt in das eigene Unternehmen.

- **Block 3: intern zum Vertriebsteam**
  Im Key Account Management sprechen wir schnell von einem Teamansatz und gemeint ist damit im Tagesgeschäft der Dreiklang aus Key Account Manager, Innendienst und Flächenvertrieb. Key Account Manager müssen in einem kontinuierlichen Austausch mit den Kollegen aus dem Flächenvertrieb stehen, die sich um die Standorte des Kunden auf nationaler oder auch internationaler Ebene kümmern.
- **Block 4: intern zu weiteren Abteilungen**
  Key Accounts haben häufig besondere Anforderungen, die meist nicht so einfach mit dem Standardlösungsangebot bedient werden können. Jetzt braucht es eine intensive Kommunikation zu und Zusammenarbeit mit weiteren Abteilungen des eigenen Unternehmens. Da müssen Anforderungen des Kunden an das Produktmanagement oder die Entwicklung herangetragen werden, „Kämpfe“ mit dem Service oder auch der Logistik ausgetragen werden. Gerade in den Jahren 2021 bis 2022, in denen es sehr häufig zu Lieferengpässen kam, nahm die Kommunikation zu diesen Abteilungen einen wesentlichen Teil der Zeit des Key Account Managers in Anspruch.

Wenn Sie diese vier Blöcke betrachten, dann ist es logisch, dass Key Account Manager in allen Bereichen unterwegs sein müssen und ein ausbalanciertes Zeitmanagement brauchen. Aber Achtung: Auch heute noch gibt es viele Personen, die meinen, dass Key Account Manager – wie klassische Vertriebler von 1980 – jeden Tag beim Key Account sein müssen. Das ist Unsinn!

Die Balance zwischen diesen vier Blöcken hängt sehr stark vom eigenen Lösungsportfolio und auch dem Key Account Management Ansatz ab.

Hier ein paar Beispiele aus der Praxis:

Praxisbeispiel

Ein großes deutsches Unternehmen aus dem DAX 40 hat sich dazu entschlossen, die Global Key Account Manager im Land der Firmenzentrale des Kunden zu platzieren. Der Global Key Account Manager sitzt damit zum Beispiel in den USA und seine Aufgabe ist es, möglichst viel Zeit mit dem Kunden vor Ort zu verbringen, um Projekte zu initiieren und umzusetzen. Der GKAM fokussiert sich damit bewusst auf den Block 1 und darüber hinaus noch auf Block 2 und 3. Der GKAM ist damit aber weit weg von der eigenen Firmenzentrale in Deutschland. Daher wurde bewusst die Position des internen Key Account Managers geschaffen, der als Tandemkollege den GKAM unterstützt, die Themen intern zu treiben. Dieser interne KAM fokussiert sich stark auf den Block 4 und noch etwas auf den Block 3. Gemeinsam stellen sie sicher, dass alle vier Bereiche professionell bedient werden.

Praxisbeispiel

Bei einem eher operativ ausgerichteten, regionalen Key Account Management Ansatz bei einem C-Teile-Anbieter übernimmt der KAM auch die Betreuung aller Kundenstandorte. Der Block 3 reduziert sich damit auf den Innendienst. Da KAM in diesem Fall auch klar als Vertriebsansatz verstanden und umgesetzt wird, verbringt der KAM sehr viel Zeit mit und beim Kunden. Intern kümmert sich der Innendienst um die Abarbeitung von Themen.

Praxisbeispiel

Bei einem Anbieter von komplexen Lösungen hat man sich bewusst dazu entschieden, den Global Key Account Manager in der eigenen Firmenzentrale zu beheimaten. Der Grund liegt schlichtweg darin, dass der Key Account Manager sehr viel Zeit mit den technischen Abteilungen des Unternehmens verbringt, um die kundenspezifischen Lösungen voranzutreiben. Vor-Ort-Termine mit dem Kunden finden nur noch alle paar Monate statt. Alles andere wird digital per Team-Meetings geklärt.

Wie Sie aus den Beispielen ersehen können, gibt es nicht die eine Musterlösung für die Umsetzung im Key Account Management. Aber auch hier greift wieder die Notwendigkeit, dass Sie im Unternehmen, respektive zumindest im Key Account Management, ein einheitliches Verständnis über die internen und externen Rollen des Key Account Managers sicherstellen müssen.

Next Level KAM-Ideen

- Sind Sie Key Account Manager? Wenn ja, überprüfen Sie doch einmal, wie ausbalanciert Ihr eigenes Zeitmanagement auf diese vier Blöcke heute ist.
- Wie schaffen Sie es, in dieser Post-Covid-19-Zeit eine gute Balance zwischen Digitalterminen und persönlichen Treffen zu erreichen?
- Gibt es in Ihrem Unternehmen ein einheitliches Key Account Manager Rollenverständnis (intern/extern)?

Lean KAM oder strategische Partnerschaft – hören Sie auf zu träumen!

Kernaussagen

- Manchmal suchen Key Accounts einfach nur einen zuverlässigen Lieferanten und *keinen* strategischen Partner! Hören Sie also auf, einseitig von einer strategischen Partnerschaft zu träumen.
- Lean KAM ist als Ansatz in den letzten Jahren immer wichtiger geworden.

Wer über Key Account Management spricht, nutzt sehr häufig auch die Begriffe „Partnerschaft“ oder auch „strategische Partnerschaft“. Gerade auf der Lieferantenseite höre ich immer wieder Sätze wie: *„Mit unserem Key Account Management wollen wir eine strategische Partnerschaft mit unseren wichtigsten Kunden aufbauen!“* Doch: Haben Sie schon einmal darüber nachgedacht, inwieweit Ihr Key Account Kunde wirklich an einer intensiven Partnerschaft interessiert ist?

Die folgende Tabelle beschreibt zwei sehr unterschiedliche Kundenprofile.

Kundengruppe 1	Kundengruppe 2
• Involvieren Sie sehr spät in eigene Projekte und Vorhaben • Sind nicht wirklich bereit, Verpflichtungen einzugehen (Volumen, länger laufende Verträge, ...) • Sind nicht wirklich bereit, neue Dienstleistungen, Produkte mit Ihnen gemeinsam zu entwickeln • Möchten auch nicht aktiv nach außen kommunizieren, dass sie mit Ihnen zusammenarbeiten • Sind nicht bereit, ihre Anforderungen an Ihre Fähigkeiten anzupassen (zum Beispiel E-Business-Schnittstellen) • Sind nicht bereit, Ressourcen in die gemeinsame Zusammenarbeit zu investieren • Preis ist ein wichtiger Kauffaktor	• Involvieren Sie frühzeitig in eigene Projekte und Vorhaben • Sind bereit, Verpflichtungen einzugehen (Volumen, länger laufende Verträge, ...) • Sind bereit, neue Dienstleistungen, Produkte mit Ihnen gemeinsam zu entwickeln • Möchten auch aktiv nach außen kommunizieren, dass sie mit Ihnen zusammenarbeiten • Sind bereit, ihre Anforderungen an Ihre Fähigkeiten anzupassen (zum Beispiel E-Business-Schnittstellen) • Sind bereit, Ressourcen in die gemeinsame Zusammenarbeit zu investieren • Preis ist ein, aber eben nicht der dominierende Kauffaktor
Diese Kunden suchen einen zuverlässigen Lieferanten	Diese Kunden suchen eine intensive, strategische, partnerschaftliche Zusammenarbeit

Die linke oder rechte Spalte sagt nichts über das Umsatzvolumen aus. Ich erinnere mich an ein Projekt mit einem Mandanten in den USA. Sein wichtigster Kunde entsprach komplett der Beschreibung aus der Spalte eins. Dennoch hat der Lieferant über 150 Millionen Euro Umsatz mit diesem Kunden pro Jahr erwirtschaftet und damit war dieser Kunde mit Abstand der größte Kunde des Unternehmens in den USA! Dieser Kunde war damit sein wichtigster KEY ACCOUNT!

Professor Christian Belz von der Hochschule in St. Gallen in der Schweiz hat bereits vor einigen Jahren die Lieferanten- und Kundenperspektive sehr gut in einer Grafik zusammengefasst.

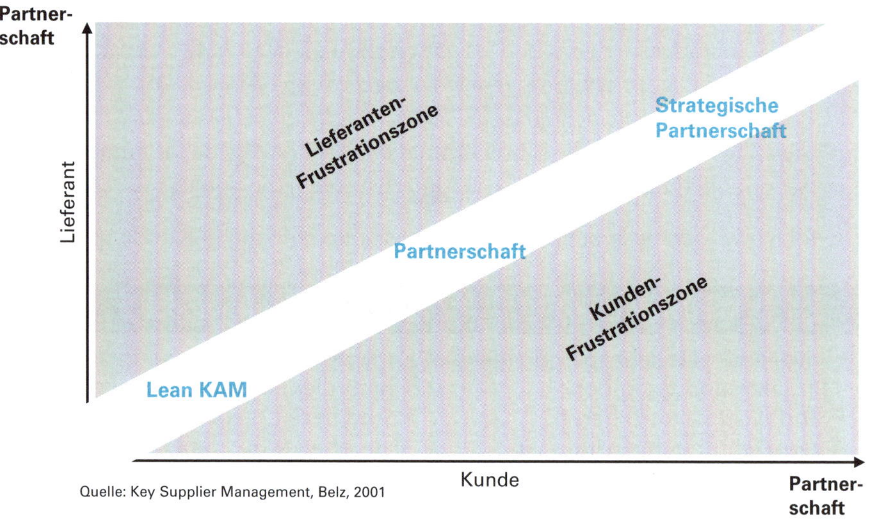

Abbildung 5: Partnerschaftsmodell im Key Account Management

Wir auf der Lieferantenseite (y-Achse) sind fast immer an einer langfristigen, nachhaltigen, strategischen, intensiven Partnerschaft interessiert. Das bringt Planungssicherheit! Spannend ist jetzt aber die x-Achse, die die Bereitschaft des Kunden beschreibt. Inwieweit ist der Kunde wirklich bereit, in eine solche Partnerschaft zu investieren beziehungsweise diese mit Lieferanten einzugehen.

Im Idealfall haben beide Parteien ein gleiches Verständnis, wie sie zusammenarbeiten wollen. Im Extremfall führt das zu zwei sehr unterschiedlichen Ausprägungen.

1. Beide suchen eine sehr intensive Partnerschaft und dann können wir auch zu Recht von einer strategischen Partnerschaft sprechen. Hier werden gemeinsam Lösungen entwickelt und vielleicht sogar auch gemeinsam vermarktet. Hier gibt es eine intensive Zusammenarbeit auf unterschiedlichen Ebenen zwischen vielen Abteilungen.

2. Beide sind sich bewusst, dass es eher eine transaktionale Lieferanten-Kunden-Beziehung ist. Wenn der Lieferant zu guten Konditionen liefern kann, bekommt er den Zuschlag. Wenn nicht, dann nicht! Hier geht es mehr um Operational Excellence und weniger um intensive Beziehungspflege auf unterschiedlichen Ebenen mit vielen Abteilungen. Der Kunde lässt auch gar nicht so viele Kontaktpunkte zu! In diesem Fall sprechen wir von einem Lean Key Account Management Ansatz.

Meine Beobachtung ist, dass wir in den letzten Jahren eine immer stärkere Ausprägung der Extreme sehen. Der Einsatz von neutralen Beschaffungsplattformen (wie zum Beispiel SAP Ariba) unterstützt Kunden dabei, möglichst viele Lieferanten anzubinden, ohne sich an Einzelne zu binden. Auf der anderen Seite suchen einige Kunden noch stärker eine bewusst intensive Zusammenarbeit mit wenigen ausgewählten Lieferanten.

In Seminaren nutze ich an dieser Stelle auch gern die vier Stufen des Verkaufens:

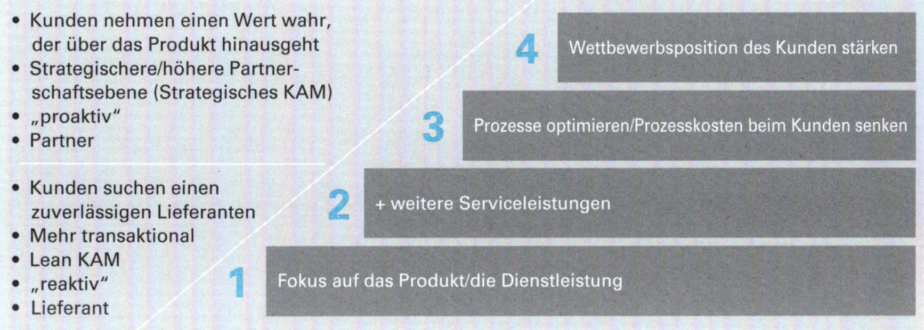

Abbildung 6: vier Stufen im Verkauf

- **Stufe 1: Fokus auf Produkte oder Dienstleistungen**
  Hier geht es um Verfügbarkeit, Eigenschaften und Nutzen auf Produktebene. Sehr häufig stehen Verfügbarkeit und Preis im Fokus. Der Lieferant ist leicht austauschbar.

- **Stufe 2: ergänzt um weitere Zusatzleistungen**
  In der Stufe 2 ergänzen wir unsere Produkte um Serviceleistungen und Systeme. Es entstehen sogenannte Lösungen (zum Beispiel direkte Baustellenbelieferung, monatliche Rechnungsstellung mit Ausweisung der Kostenstellen des Kunden).

- **Stufe 3: Prozesse und Abläufe des Kunden optimieren**
  In dieser Stufe geht es jetzt ausschließlich um den Kunden. Hier werden die Prozesse und Abläufe des Kunden optimiert. Der Produktpreis wird damit immer weniger wichtig.

- **Stufe 4: Wettbewerbsfähigkeit des Kunden stärken**
  In der letzten Ausbaustufe liegt der Fokus darauf, den Kunden in seinem Marktumfeld noch erfolgreicher zu machen.

In der Stufe 1 und 2 sind wir mehr Lieferant als Partner. Stufe 3 und 4 sollten die Zielstufen für ein Key Account Management sein, da wir hier über eine partnerschaftliche Zusammenarbeit sprechen. Die Praxis sieht allerdings sehr häufig anders aus. Wir müssen akzeptieren, dass es auch wichtige Kunden geben kann, die „nur" einen zuverlässigen Lieferanten auf Stufe 1 und 2 suchen. Aufgrund des Geschäftsvolumens müssen wir diese Kunden aber dennoch als Key Account klassifizieren. Wichtig ist aber, dass wir in einem Lean Key Account Management Ansatz eben nicht alle KAM Instrumente nutzen. Das würde nur zu Frustration führen. Bei Lean KAM geht es um Operational Excellence und nicht um gemeinsame Innovationsworkshops und Produktentwicklungen!

Next Level KAM-Ideen

- Nutzen Sie die obige Grafik, um Ihre Key Accounts einmal selbstkritisch zu reflektieren.
- Differenzieren Sie bewusst zwischen LEAN KAM und strategischen Partnerschaften.
- Erarbeiten Sie konkrete Konsequenzen für die differenzierte Bearbeitung.
- Stellen Sie sicher, dass alle Mitarbeiter im KAM Team die Differenzierung verinnerlicht haben und umsetzen.

KAM ist nicht gleich Großkundenmanagement

Kernaussagen

- KAM ist nicht gleich Großkundenmanagement!
- KAM, Großkundenmanagement und Regionalvertrieb sind keine Frage der Wertigkeit, sondern hängt davon ab, welches Konzept am besten passt!

In der Praxis wird Key Account Management auch mit Großkundenmanagement gleichgesetzt, aber es heißt eben Key Account Management und nicht Large Customer Management!

Was differenziert dann aber KAM zum Großkundenmanagement oder gar zum klassischen Flächen- oder Regionalvertriebsansatz?

	Regionaler Vertrieb	Großkunden-management	Key Account Management
Komplexität der Lösungen beziehungsweise des Kunden	Gering	Gering	Hoch
Kunde hat eine strategische Bedeutung für das eigene Unternehmen	Nein	Nein	Ja (Ausnahme KAM als Vertriebs-ansatz)
Umsatz/Umsatz-potenzial	Gering	Hoch	Von null bis sehr hoch alles möglich
Zeitraum	Eher kurzfristig	Eher kurzfristig (wenn mittelfristig durch Verträge)	Mittel- bis langfristig
Beziehungsnetz	Eher klein	Eher klein	Groß (multi-level/multifunktional)
Proaktiver Ansatz	Selten	Selten	Muss
Was wird verkauft?	Bestehende Lösungen	Bestehende Lösung	Bestehende + kundenspezifische Lösungen
Gemeinsame Produktentwicklung/Marktbearbeitung	Nein	Nein (Ausnahme gemeinsame Marketingkampagnen bei Händlern)	Kann

Auf den Punkt gebracht heißt die Formel für mich:

Standardlösungen reichen aus
+ Kunde mit einem Standort
+ kleinerer Umsatz/kleineres Umsatzpotenzial
= Kunde für den Regionalvertrieb (dort am besten aufgehoben)

Standardlösungen reichen aus
+ einfache Entscheidungsprozesse (wenige Personen sind in die Entscheidungen involviert)
+ größerer Umsatz/größeres Umsatzpotenzial
= Großkundenmanagement

Kunde hat besondere Anforderungen
+ komplexere Entscheidungsprozesse (mehrere Personen sind involviert)
+ mehrere Standorte
+ größerer Umsatz/größeres Umsatzpotenzial
+ idealerweise strategische Bedeutung
= Key Account

Es gibt übrigens keine Wertigkeit der handelnden Personen, sondern aus meiner Sicht gilt es, die Kunden immer so zu bedienen, dass diese den größten Mehrwert erhalten und Sie als Anbieter die Geschäftsbeziehung zu diesen Kunden mit den passenden Instrumenten steuern und managen!

Next Level KAM-Ideen

- Grenzen Sie heute die Bereiche KAM, Großkundenmanagement und Regionalvertrieb wirklich sauber ab?
- Inwieweit nutzen Sie eine differenzierte „Toolbox", um die Geschäftsbeziehung zu diesen unterschiedlichen Kundengruppen zu managen?

2. Was ist denn nun Key Account Management?

Kernaussagen

- Key Account Management ist ein systematischer, mittelfristiger und teambasierter Ansatz.
- KAM kann als Vertriebs- oder als ganzheitlicher Unternehmensansatz definiert werden.

Key Account Management hat sich in den letzten Jahren stark weiterentwickelt. Viele Definitionen von Key Account Management stammen aber noch aus den 1980er- und 1990er-Jahren. Zeit also, die Definition von Key Account Management und damit die Antwort auf die Frage „Was ist eigentlich Key Account Management?" mal in die Neuzeit zu bringen!

Meine Definition 2023:

Key Account Management ist ein systematischer, mittelfristiger, teambasierter Ansatz, um

1. vertrieblich die Geschäftsbeziehung zu überregionalen beziehungsweise internationalen Kunden zu managen, um so Potenziale für das eigene Unternehmen zu heben (Vertriebsansatz)
   oder/und
2. ganzheitlich die Geschäftsbeziehung zu wenigen, strategisch bedeutenden Marktteilnehmern (Kunden, Endkunden, Multiplikatoren oder Beeinflussern) zu managen (ganzheitlicher Unternehmensansatz).

Wie immer steckt der Teufel im Detail und jedes Wort in dieser Definition hat es in sich!

... systematischer ...

Key Account Management ist ein systematischer Ansatz und damit sind transparente, wiederholbare Prozesse und Abläufe ein Kerncharakteristikum eines modernen KAM-Programms. Hier ein paar ausgewählte Beispiele:

- Wie werden Key Accounts systematisch identifiziert?
- Was passiert, wenn ein Unternehmen von der Liste der Key Accounts gestrichen wird?

- Mit welcher Systematik erfolgt die Strategieerarbeitung (Stichwort: Key Account Plan)?
- Wie häufig werden von wem die Key Account Pläne einem Review unterzogen?
- …

… ist ein mittelfristiger, …

Früher haben wir gern den langfristigen Charakter von KAM hervorgehoben. Märkte drehen sich heute aber immer schneller und Produktlebenszyklen werden immer kürzer. Auf der anderen Seite benötigen Sie auch heute noch teilweise mehrere Jahre, um einen großen Kunden für sich zu gewinnen. Langfristige Horizonte von zehn Jahren sind aber im KAM heute definitiv die Ausnahme. Das heißt, Key Account Management bekommt heute eher einen Zeithorizont von ein bis drei Jahren. Diesen Zeithorizont bezeichne ich als mittelfristig.

Schließen sich damit KAM und moderne, agile Managementmethoden aus? Definitiv NEIN! Agile Managementmethoden wie OKR (Objectives and Key Results) finden gerade in vielen Unternehmen Einzug, um damit die mittelfristigen Ziele in kürzere Zyklen und Maßnahmenpläne zu übersetzen.

… teambasierter …

Key Account Management ist keine One-Man-Show, die nur aus dem Key Account Manager besteht. Buying Center Strukturen werden immer komplexer und Entscheidungen nicht selten in internationalen Gremien getroffen. Bei einem reinen Vertriebsansatz ist das Team meist schlanker aufgestellt, sodass wir hier vom Key Account Manager, dem Innendienst und vielleicht noch ein paar Kollegen aus dem Flächenvertrieb sprechen. Bei komplexeren Lösungen oder Key Account Management als Unternehmensansatz werden aus diesen Teams schnell interdisziplinäre Teams. Diese Teams gilt es, gut zu steuern und damit aus *„One face to the customer“* ein *„One consistent message to the customer“* zu machen!

… Kunden oder Marktteilnehmer …

Bei einem Vertriebsansatz reden wir hier in der Regel über direkte Kunden mit mehreren Standorten. In vielen KAM-Programmen müssen Sie aber über die strukturierte Bearbeitung der direkten Kunden hinausgehen. Sehr häufig treffen Endkunden die wirkliche Entscheidung oder Entscheidungen werden maßgeblich durch andere Marktteilnehmer (zum Beispiel Fachplaner oder Verbände) beeinflusst. Das heißt, ein moderner KAM-Ansatz fragt nicht nur danach, wer die großen Kunden sind, sondern adressiert auch die Marktteilnehmer mit dem größten Hebel!

In der Praxis fokussieren sich Unternehmen übrigens häufig zu stark auf die guten, großen Kunden von gestern und zu wenig auf die starken Player von morgen!

... zu wenigen ...

Im Falle eines ganzheitlichen Unternehmensansatzes braucht es eine wichtige Grundvoraussetzung. Die Anzahl der Key Accounts muss überschaubar bleiben! Ohne diesen klaren Fokus können Sie keine Extrameile in anderen Abteilungen des Unternehmens erwarten!

Next Level KAM-Ideen

- Was bedeutet KAM für Ihr Unternehmen? Wie definieren Sie KAM? Nutzen Sie den reinen Vertriebsansatz oder einen ganzheitlichen Unternehmensansatz?
- Ist diese Definition auch allen involvierten Abteilungen und Personen bekannt?
- Wann haben Sie Ihre Definition von KAM das letzte Mal überprüft und gegebenenfalls angepasst?

3. Brauchen Sie KAM überhaupt?

Kernaussagen

- Setzen Sie Key Account Management nur ein, wenn Sie es wirklich brauchen.
- Es gibt in der Praxis sechs gute Gründe, auf KAM zu setzen.

Prof. Dr. Dirk Zupancic (ein Beraterkollege, den ich sehr schätze) hat einmal gesagt: „*Wenn Sie Key Account Management vermeiden können, tun sie es!*" Mit dieser doch sehr provokanten Aussage hat er absolut Recht. Sie werden im Laufe dieses Buches feststellen, dass ein wirkliches KAM in seiner Ausgestaltung doch recht umfangreich und weittragend ist. Doch KAM bietet vielen Unternehmen eine Reihe von Chancen, um zukünftiges Geschäft auszubauen oder aber auch zu sichern. Hier ein paar typische Gründe, die für den Einsatz Key Account Management sprechen.

Grund 1: der Klassiker – too big to fail!

Starten wir doch gleich mit dem Klassiker des Key Account Managements, der Abhängigkeit von nur wenigen großen Kunden. Für viele Unternehmen war das definitiv der Hauptgrund, um Key Account Management einzuführen. In diesem Zusammenhang wird sehr häufig der Begriff der „**80-20-Regel**" oder auch „**Pareto-Prinzip**" verwendet. Diese Regel veranschaulicht, dass in vielen Unternehmen 80 Prozent der Umsätze mit lediglich 20 Prozent der Kunden erzielt werden. Teilweise ergeben sich heute sogar schon Abhängigkeiten von 90 zu 10, was ein erhebliches Risiko darstellt.

Die 80-20-Regel ist auf Vilfredo Pareto, einem italienischen Soziologen und Ökonomen, zurückzuführen. Vilfredo Pareto wurde am 15. Juli 1848 in Paris geboren und starb am 19. August 1923 in Céligny/Genf. Er hat herausgefunden, dass circa 20 Prozent der italienischen Bevölkerung ungefähr 80 Prozent vom Volksvermögen halten. Diese 80-20-Regel ist bis heute in vielen Bereichen als Daumenregel anwendbar.

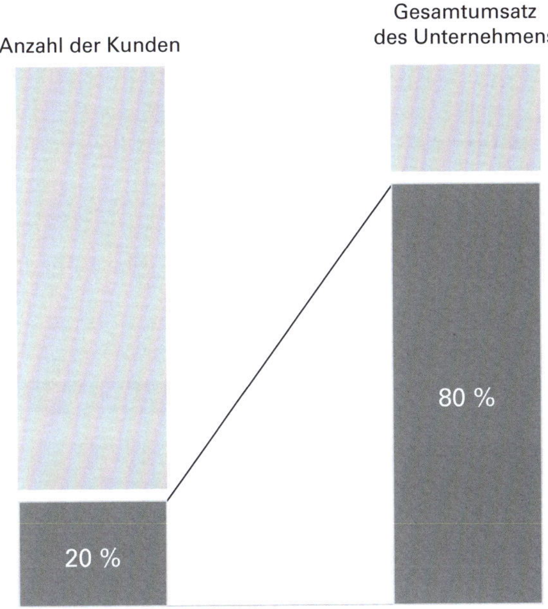

Abbildung 7: Pareto-Prinzip/80-20-Regel

Grund 2: Wenige Player im Markt machen KAM unumgänglich

In einigen Märkten gibt es neben der hohen Umsatz-Abhängigkeit von einzelnen Kunden aber noch einen weiteren starken Treiber. In einem begrenzten Markt, zum Beispiel in der Automobilindustrie oder im Lebensmitteleinzelhandel, gibt es nur eine überschaubare Anzahl von möglichen potenziellen Kunden. Das heißt, ein Lieferant kommt automatisch in die Situation, von nur wenigen Kunden abhängig zu sein. Neben den bereits bestehenden Key Accounts – den Topkunden – kommt hier der Kategorie **„Target Accounts"** eine entscheidende Rolle zu.

Firmenzusammenschlüsse und auch das Bilden von Einkaufskooperationen gehören definitiv auch in diese Kategorie.

Grund 3: Überregionalität oder auch globale Aufstellung der Kunden

Hier kommen wir zum Hauptgrund für KAM als Vertriebsansatz. Kunden sind nicht mehr nur an einem Standort tätig, sondern sind überregional oder auch global aufgestellt. Mit dieser Aufstellung geht meist auch eine zunehmende Komplexität einher. Das heißt, Sie brauchen jemanden, der die Aktivitäten steuert und den Überblick behält.

Die Kunden erwarten, dass ihre Lieferanten sie global bedienen können. Im Einkauf sehen wir Lead Buyer Konzepte, Global Sourcing Ansätze, Global Purchasing Teams und mehr. Die Beschaffung und Leistungserbringung erfolgen heute global. Damit stößt aber auch ein klassischer, regional aufgesetzter Vertriebsansatz an seine Grenzen. Kunden erwarten heute ein global ausgerichtetes Account Management.

Grund 4: Kunden der Kunden treffen die Entscheidung

Nehmen wir ein klassisches Beispiel aus dem Maschinenbau. Gehen wir davon aus, Sie produzieren Hydraulikkomponenten und verkaufen diese an einen Maschinenbauer, der wiederum komplette Maschinen an Endkunden verkauft.

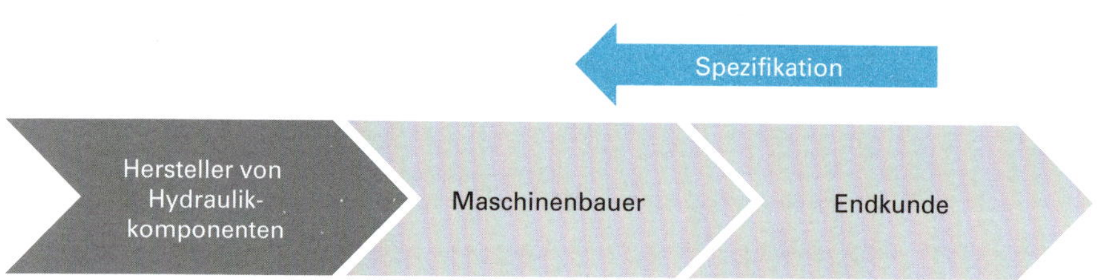

Abbildung 8: Wertschöpfungskette im Maschinenbau

Der Maschinenbauer bestellt bei Ihnen die Komponenten, er zahlt die Rechnung, er ist Ihr Kunde. Er ist vielleicht sogar ein wichtiger Großkunde! ABER: Kann er überhaupt den Zulieferer frei auswählen? Die Antwort lautet sehr häufig: NEIN. Die Spezifikation wird vom Endkunden (zum Beispiel einem OEM wie Volkswagen) vorgegeben. Das heißt, Sie müssen den OEM bearbeiten und beeinflussen, um möglichst viel Geschäft für sich zu sichern. Vergleichbare Beispiele gibt es aus vielen Industrien. Im Bauumfeld gilt es, Fachplaner und Architekten zu beeinflussen. Im Gesundheitswesen übernehmen die Krankenkassen eine immer stärkere Rolle. Die Bearbeitung dieser indirekten Kunden erfordert dabei sehr häufig wieder einen Key Account Management Ansatz!

Vor 20 Jahren gingen Key Accounts auch immer mit großen, direkten Umsätzen einher. Das hat sich radikal gewandelt! Heute wird das Key Account Management zunehmend für wichtige, strategische Player in einem Markt angewendet (indirekte Kunden, Leuchtturmkunden, Influencer, …). Das bedeutet aber auch, dass der Umsatz dieser Key Accounts häufig null Euro beträgt! Damit schwindet dann auch sehr häufig die gefühlte Wichtigkeit dieser Player im eigenen Unternehmen, was eine enorme Herausforderung für diesen KAM-Ansatz darstellt.

Grund 5: Komplexität

Die globale Organisation mit vielen Einzelgesellschaften, Business Units, Landes- und Regionalgesellschaften führt in vielen Unternehmen zu einem

Silodenken. Dieses Silodenken kann allerdings sehr schnell geschäftsschädigend werden. Hier drei Beispiele aus der Praxis:

1. Ein Lieferant verhandelt – parallel und ohne Abstimmung – in Europa und in den USA einen Rahmenvertrag mit ein und demselben Kunden. Am Ende gibt es zwei rechtlich verbindliche Verträge mit unterschiedlichen Konditionen.
2. Der Country Manager in Italien muss seine Umsätze erhöhen und fährt daher eine Angebotskampagne für alle Kunden in Italien. Der Produktionsstandort eines internationalen Kunden profitiert ebenfalls von diesen günstigen Sonderkonditionen, denn die Einkäufer des Kunden tauschen sind jetzt aus, und der Sonderpreis für Italien wird schnell zum neuen globalen Basispreis.
3. Ein Kunde weiß, dass ein Lieferant in Niederlassungen organsiert ist und schickt eine Anfrage parallel an drei Niederlassungen. Das Ergebnis: drei unterschiedliche Angebote von einem Lieferanten. Diese Angebote spielt der Kunde nun gegenseitig aus und schafft es damit, dass ein Lieferant seine eigenen Preise selbst kaputt macht. Herzlichen Glückwunsch.

Die eigene Komplexität der Organisation macht es daher unumgänglich, dass ein Lieferant seine Aktivitäten gegenüber (meist größeren) internationalen Kunden besser koordiniert! Diese Koordination erfolgt durch das Key Account Management!

Grund 6: Kundenwunsch

Einige meiner Kunden sind klassisch in mehrere Geschäftsbereiche untergliedert. Dazu gesellen sich dann noch verschiedene „unabhängige" Tochtergesellschaften und Landesorganisationen. Das führt leicht dazu, dass ein Kunde es mit vielen Verkäufern, Account und sogar Key Account Managern aus einem Unternehmen zu tun hat. Es ist auch schon vorgekommen, dass mehrere Account Manager aus einem Unternehmen an einem Tag mit ein und demselben Einkäufer beim Kunden Termine hatten. Irgendwann kommt dann der Punkt, an dem es dem Kunden endgültig reicht und er den Lieferanten um einen „Single Point of Contact", einen SPOC, bittet. Dieser agiert dann als zentraler Kümmerer und Ansprechpartner für den Kunden. Kann dieser nicht gestellt werden, ist die gesamte Geschäftsbeziehung schnell in Gefahr.

Praxisbeispiel

Ein Verpackungshersteller hat beim Hersteller der Verpackungsmaschinen eine klare Anforderung gestellt. Er bittet um einen sogenannten Key Account Manager, der in diesem Fall keinen kommerziellen Auftrag hat, sondern mit dem der Kunde mittelfristig die Verpackungsprozesse immer weiterentwickeln kann. Hier wird quasi ein technischer Key Account Manager gesucht.

Next Level KAM-Ideen

- Die Reise für eine erfolgreiche Key Account Management Implementierung startet immer mit der Frage nach dem WARUM! Haben Sie dieses Warum in Ihrem Unternehmen klar beantwortet?
- Ist das WARUM auch allen im KAM Team beziehungsweise in den angrenzenden Abteilungen bekannt?
- Wann haben Sie das WARUM das letzte Mal überprüft? Märkte und Anforderungen ändern sich und damit kann auch eine Neuausrichtung vom KAM notwendig sein.

4. Beipackzettel: Risiken und Nebenwirkungen

Kernaussagen

- KAM birgt riesige Chancen, aber auch Risiken.
- In der Praxis machen sich Unternehmen diese Risiken zu selten bewusst und haben daher meistens auch keine klaren Maßnahmenpläne aufgesetzt, um die Risiken zu minimieren.

Sie kennen den Spruch aus der Werbung: *Für Risiken und Nebenwirkungen fragen Sie Ihren Arzt oder Apotheker.* Daher darf auch in diesem Buch ein Beipackzettel nicht fehlen. An dieser Stelle fokussiere ich mich auf die vier wichtigsten Risiken aus der Praxis!

Es braucht einen KAM-Ansatz, er wird aber nicht umgesetzt!

In vielen Fällen ist das größte Risiko des Key Account Managements, es nicht zu tun! Gerade in diesen Tagen habe ich in einem internationalen Projekt wieder so einen schönen, vielsagenden Spruch gehört: *„Es hat die letzten 25 Jahre doch auch ohne KAM gut funktioniert!"* Damit verbunden ist die Aussage: *Wozu etwas ändern?* Eingeschwungene Machtzentren im Unternehmen auf nationaler und auch internationaler Ebene stemmen sich vehement gegen KAM, weil damit gefühlt ein starker Machtverlust einhergeht. Aber ob Sie es wollen oder nicht: Es gibt einfach Kunden, die sich stark weiterentwickelt und verändert haben. Listungs- und Kaufentscheidungen sind heute keine Entscheidungen mehr, die eine Person irgendwo im Kundenunternehmen mal eben schnell allein treffen kann. Ohne eine koordinierte, abteilungs- und länderübergreifende Bearbeitung eines Kunden, gefährden Sie heute sehr häufig massiv das etablierte Geschäft beziehungsweise verpassen neue Geschäftsgelegenheiten.

Praxisbeispiel

Hier ein ganz banales Beispiel für massive Ineffizienz. Ein Kunde ist international aufgestellt. Ein wichtiger Ansprechpartner innerhalb der Kundenorganisation wechselt von Deutschland in die Schweiz. Meine Frage an den Geschäftsführer eines Hauptlieferanten: *„Wie managen Sie so eine Veränderung innerhalb der Kundenorganisation?“* Seine Antwort: *„Ehrlich gesagt, gar nicht! Der deutsche Vertriebskollege wird sich vermutlich von dieser Person in Deutschland verabschieden, und das war es. Da wir mit der schweizerischen Organisation des Kunden noch gar keine Geschäftsbeziehung haben, bekommt von uns diesen Personalwechsel niemand mit.“*

Wow! Was für eine verschenkte Chance, oder?

Ich kenne mehrere Fälle von sehr großen inhabergeführten Unternehmen, die aus vielen Einzelgesellschaften, Unternehmungen und Landesgesellschaften bestehen. Anläufe eines übergreifenden KAM-Ansatzes sind immer wieder gescheitert, weil sich selbst die Eigentümerfamilie nicht gegen die einzelnen Fürstentümer durchsetzen konnte. Was für viele Jahre ein Erfolgsfaktor war, wird heute für einige Kunden (Key Accounts) zu einem Geschäftsrisiko oder zumindest zu einem Verhinderer für noch mehr Geschäft!

KAM gibt es im Unternehmen, aber es wird nicht professionell umgesetzt

Das zweite große Risiko dürfte auf mehr Unternehmen zutreffen, als wir wahrhaben wollen. Key Account Management wurde schon vor Jahren irgendwie eingeführt. Vielleicht ist das auch schon eines der Hauptprobleme in vielen Unternehmen, dass KAM mal zwischendurch eingeführt wurde 😉. Da werden ein paar Kunden als Key Accounts klassifiziert, Verkäufer zu Key Account Managern umgetauft und ein Zwei-Tages-Training für das Team organisiert. Der Rest wird schon! So unprofessionell kann man eigentlich gar nicht vorgehen, aber die Praxis zeigt etwas anderes!

Viel schlimmer dürfte allerdings sein, dass das KAM-Programm nicht wirklich weiterentwickelt und professionell umgesetzt wird. Hier nur drei Beispiele aus der Praxis:

- Die Key Accounts wurden einmal festgelegt. Eine regelmäßige Überprüfung der Key Account-Liste erfolgt nicht. Weder werden tote Pferde aussortiert noch neue Zukunftsträger aufgenommen.
- Der Key Account Plan wurde einmal in seiner Struktur festgelegt und dann nie wieder weiterentwickelt.

- Aber auch in sehr professionell aufgestellten Unternehmen passieren Anfängerfehler! Es war bekannt, dass der Global Key Account Manager für den wichtigsten Key Account in 18 Monaten in den Ruhestand geht. Das Dax-Unternehmen hat es nicht geschafft, einen Nachfolger frühzeitig aufzubauen. Die Konsequenz: Mit dem Wechsel in den Ruhestand musste schnell ein Ersatz für den Global Key Account Manager her. Der Kunde war mit dieser Person überhaupt nicht zufrieden. Es folgte eine Odyssee an Eskalationen, die fast die gesamte Geschäftsbeziehung zum Wanken gebracht hätte!

Wenn Sie KAM brauchen, dann müssen Sie es auch professionell umsetzen und kontinuierlich weiterentwickeln. Punkt!

Zu starke Abhängigkeit von wenigen Kunden oder Märkten

Dieses Risiko der zu starken Abhängigkeit trifft sehr häufig zu und manchmal sind sich die Unternehmen darüber gar nicht wirklich bewusst. Da gibt es am Ende ein oder zwei Key Accounts, die für 30 bis 50 Prozent des Gesamtumsatzes stehen. Brechen diese Umsätze weg, hat das gravierende Konsequenzen für das Unternehmen zur Folge. In einigen Projekten erlebe ich es auch, dass es zwar in der Summe 20 Key Accounts gibt, diese aber alle aus einer Branche, einem Markt oder einer Region kommen. Schwächelt dieser eine Markt, wirkt sich das sofort und mit hohen Konsequenzen auf Ihr Unternehmen aus.

Praxisbeispiel

Ein Unternehmen hat realisiert, dass 30 Prozent der globalen Umsätze durch nur einen Kunden verantwortet werden. Die Konsequenz: Es wird ein KAM mit dem Ziel eingeführt, den Umsatz bei diesem einen Kunden nur noch leicht weiterauszubauen (also eher auf die Bremse zu treten) und in den nächsten drei Jahren mindestens vier weitere Key Accounts aus unterschiedlichen Märkten aufzubauen.

In einigen Branchen sehen wir 2023 wieder extreme Beispiele von einem Powerplay. Da sind sich die Kunden ihrer Machtposition bewusst und nutzen ihre Stärke radikal aus, um noch bessere Konditionen bei den Zulieferern durchzusetzen! Teilweise scheinen diese Kunden dabei aktuell sogar einen Konkurs der Lieferanten in Kauf zu nehmen. Wahnsinn!

Fokus auf die falschen Key Accounts

Die Auswahl der Key Accounts stellt einen der kritischen Erfolgsfaktoren im Key Account Management dar. Egal ob als reiner Vertriebsansatz oder als ganzheitlicher Unternehmensansatz, mit der Selektion der Key Accounts fokussieren Sie auch immer Ihre Unternehmensressourcen auf ausgewählte Kunden. Wer hier auf die falschen Unternehmen setzt, vergeudet Ressourcen oder verpasst sogar signifikante Geschäftsgelegenheiten.

Praxisbeispiel

Ein Lackhersteller im Kfz-Bereich fokussiert das KAM über Jahre hinweg auf die größten Werkstattketten. Dieser Ansatz erscheint absolut logisch, da es sich hier um die größten Kunden mit dem größten Umsatz handelt. Dennoch sind die Gespräche mit diesen Kunden sehr von den Themen Preise und Konditionen geprägt. Eine strategische Neuausrichtung vom KAM auf Versicherungen bringt plötzlich Bewegung in das Spiel. Es werden weitere Werkstattketten gewonnen und der Preis wird plötzlich weniger wichtig!

Praxisbeispiel

Ein Hersteller von Reinigungslösungen hatte jahrelang einen Kunden als Key Account geführt und behandelt. Es gab einen Rahmenvertrag mit Bonusvereinbarung, strategische Jahresgespräche und mehr. Dennoch verharrte der Umsatz auf einem niedrigen Niveau. Der Grund: Die Firmenzentrale des Key Accounts gab sich zwar sehr wichtig, allerdings fehlte ihr eine Richtlinienkompetenz für Einkaufsentscheidungen auf Niederlassungsebene. Diese Niederlassengen haben schlichtweg das gemacht, was für sie am besten war. Die Lösung: Der Kunde wurde von der Key Account-Liste gestrichen, der zentrale Rahmenvertrag gekündigt und die Niederlassungen des Kunden vom eigenen Regionalvertrieb unabhängig bearbeitet. Das Ergebnis: Der Umsatz lag nach zwei Jahren bei plus 50 Prozent!

Am Ende gehört professionelles Risikomanagement zur Einführung und Weiterentwicklung des Key Account Managements dazu. Mein Eindruck ist allerdings, dass das Thema Risiken häufig ausgeblendet wird beziehungsweise nicht aktiv thematisiert wird.

Next Level KAM-Ideen

- Haben Sie die Risiken von KAM für Ihr Unternehmen herausgearbeitet und entsprechende Konsequenzen daraus gezogen?

5. KAM stiftet Mehrwert – logisch, oder?

Kernaussagen

- Key Account Management muss für den Kunden einen Mehrwert bieten.
- KAM muss aber auch für das eigene Unternehmen einen Mehrwert liefern. Gerade dieser Mehrwert ist nicht allen Unternehmen klar und führt immer wieder zu der Frage: „Was passiert eigentlich, wenn wir KAM nicht machen?"

In Key Account Management-Projekten machen wir uns immer darüber Gedanken, welchen Mehrwert beziehungsweise Nutzen der Key Account aus einem KAM-Ansatz zieht.

Klassische Beispiele sind hier:

- Eine zentrale Ansprechperson (Key Account Manager), die sich standort- und länderübergreifend um die Anforderungen und Bedürfnisse des Key Accounts kümmert. Diese Person kennt den Kunden, seine Anforderungen und Prozesse in- und auswendig und kann so auch die richtigen Lösungen anbieten.
- Gegebenenfalls feste Ansprechpartner im Innendienst oder Service.
- Gegebenenfalls eine Bevorzugung bei Lieferengpässen.
- Gegebenenfalls kürzere Lieferzeiten oder Bevorratung von Waren ohne Mehrkosten.
- Gegebenenfalls eine frühere Einbindung in Produkt- und Serviceneuentwicklungen.
- Gegebenenfalls ein exklusiver Zugang zu Customer Group Events.
- …

Die Liste könnte ich jetzt beliebig lang fortsetzen. Im Kapitel „3 | Das (exklusive) Leistungsportfolio für Key Accounts" folgen dazu noch weitergehende Informationen.

Es gibt allerdings eine Fragestellung, die von Unternehmen sehr häufig unbeantwortet bleibt. Aber gerade diese Fragestellung ist extrem wichtig, um die Akzeptanz des Key Account Managements intern zu steigern. Die Frage lautet:

Welchen Mehrwert beziehungsweise Nutzen bietet das KAM eigentlich dem eigenen Unternehmen?

Hier ein paar Impulse, welchen Mehrwert ein KAM einem Unternehmen bieten kann:

Nehmen wir den offensichtlichsten Mehrwert gleich zu Beginn: *Mehr Umsatz* durch eine tiefere Durchdringung eines Kunden, verbesserte Cross- und Up-Selling-Ansätze bei diesen Key Accounts.

Key Accounts haben in der Regel besondere Anforderungen, die Sie zu neuen Konzepten, Lösungen, Services oder auch Produkten und Produktanpassungen führen. *Damit sind Key Accounts häufig Innovatoren für das eigenen Unternehmen.* Diese neuen Lösungen können Sie später auch anderen Kunden anbieten, was dort wieder zu Zusatzumsätzen führt.

Unterschätzen Sie diesen Aspekt nicht. Das bedeutet aber auch, dass sich jemand, zum Beispiel im Produktmanagement, genau damit befassen muss, um aus den gefühlten Einzelanforderungen eines einzelnen Kunden, multiplikative Produkte und Lösungen zu machen!

Der koordinierte Key Account Management-Ansatz minimiert Doppelarbeiten und Fehler, die sich ansonsten sehr schnell bei komplexen, größeren Kunden einstellen. Unabgestimmte Preise, die einem – intern gut abgestimmten – Kunden angeboten werden, können sonst schnell zu einem unangenehmen Thema werden. Konzepte werden einmal ausgearbeitet und dann auf verschiedene Niederlassungen/Standorte eines Kunden ausgerollt und müssen nicht jedes Mal von Neuem ausgearbeitet werden.

Der Key Account Manager, zentrale Listungen und Verträge sind Türöffner! Ein guter Key Account Manager versteht sich selbst als *Sales Enabler*! Als solcher agiert er als Türöffner für den regionalen Flächenvertrieb, damit dieser dann leichter in einer Niederlassung das Geschäft auf- und ausbauen kann.

Ein KAM-Ansatz unterstützt Sie auch dabei, sich gezielt beim Kunden neu (höherwertiger) zu positionieren.

Praxisbeispiel

Aus Sicht des Kunden hat der C-Teile-Lieferant seit Jahren austauschbare Artikel angeboten. Es ging also nur um Verfügbarkeit und Preis. Durch den KAM-Ansatz wurde der Kunde grundlegend anders bearbeitet und aus einem C-Teile-Lieferanten wurde so ein Prozessoptimierer, bei dem die Artikelpreise weniger relevant waren. Die Prozesseinsparungen standen im Vordergrund und führten nebenbei noch zu einer stärkeren Kundenbindung.

Geschäftsrisiken werden durch ein professionelles KAM früher erkannt, da Sie einfach näher am Kunden, seinem Geschäft sowie seinen Nöten, Anforderungen, Projekten und Zielen dran sind. Dadurch können Sie sich früher, proaktiv auf mögliche Veränderungen vorbereiten.

In vielen Unternehmen erlebe ich es, dass KAM immer wieder zu Frust führt. Die Key Accounts kommen immer wieder mit neuen Anforderungen um die Ecke und zwingen die gesamten Organisationen, Gewohnheiten und etablierte Lösungen neu zu denken und umzusetzen. Damit verbunden ist immer wieder mehr Aufwand und Ärger. Daher liegt eine Frage immer wieder in der Luft *„Was passiert eigentlich, wenn wir das KAM komplett einstampfen?“* Wer die Frage nach den Mehrwerten klar beantworten kann, wird auch eine höhere Akzeptanz für das KAM im eigenen Unternehmen schaffen!

Next Level KAM-Ideen

- Haben Sie die Mehrwerte des KAM-Ansatzes für das eigene Unternehmen schon klar herausgearbeitet und in einem KAM-Handbuch schriftlich festgehalten?
- Sind die Mehrwerte vom KAM (jenseits von mehr Umsatz) intern allen beteiligten Abteilungen und Personen wirklich klar?
- Erarbeiten Sie im KAM Team den Mehrwert, den die Key Account Manager (also die Position) intern und extern stiften.

6. Trends im Key Account Management

Kernaussagen

- Viele Key Account Manager Jobprofile müssen dringend an die Anforderungen und Bedürfnisse der jungen Generation angepasst werden.
- KAM ist ein Teamansatz und daher braucht es endlich *Teamziele*. Individualziele bremsen das Key Account Management!
- Digitalisierung, KI, Nachhaltigkeit und weitere Megatrends werden das KAM maßgeblich beeinflussen.
- KAM-Strategien müssen agiler werden.

Im Kapitel „Braucht es KAM in dieser agilen Zeit überhaupt" (siehe Seite ###) bin ich bereits auf die Entwicklung und Veränderungen im Key Account Management in den letzten Jahren eingegangen. Hier möchte ich noch auf ein paar aktuelle Trends im Key Account Management hinweisen, die auch Auswirkungen auf Ihr individuelles KAM-Konzept haben können.

Next Generation Key Account Manager

Meine aktive Zeit als Key Account Manager war noch stark durch Statussymbole geprägt. Da ging es um einen noch größeren Dienstwagen mit noch mehr Auspuffrohren, um den Senator Status bei der Lufthansa, viele Dienstreisen, teure Essen und mehr. Die junge Generation an Mitarbeitern stellt aber plötzlich ganz andere, neue Anforderungen, die sehr häufig so gar nicht zu den etablierten Standards im KAM passen.

Hier exemplarisch ein paar Punkte (teilweise etwas überspitzt dargestellt):

- Ohne einen Purpose geht heute gar nichts mehr. Warum machen wir das eigentlich? Welchen Beitrag leistet das KAM für die Gesellschaft?
- Dienstwagen? Brauche ich nicht! Haben Sie auch eine Bahncard 100?
- Dienstreisen? Ganz schlecht, weil ich müsste um 16:00 Uhr zum Yoga.
- Jobsharing wäre klasse! Könnte ich mir den Job als Key Account Manager auch mit jemandem teilen?
- Kurzfristig müsste ich also mal für drei Monate weg sein können (Sabbatical, Vaterschaftsurlaub, …)

- Geld ist wichtig, aber wegen mehr Geld mehr arbeiten?

An den – teilweise überspitzten – Formulierungen können Sie vielleicht auch schon eine Herausforderung für viele Unternehmen herauslesen. Da treffen alte Führungskräfte, wie der Sieck, auf eine junge Generation von Nachwuchskräften und irgendwie sind die Vorstellungen und Erwartungen meilenweit auseinander. Missverständnisse sind hier vorprogrammiert.

Um den Job des Key Account Managers auch in der Zukunft attraktiv zu halten, müssen wir das Job- und Tätigkeitsprofil in vielen Unternehmen noch drastisch anpassen.

Das Ende von Individualprämien im KAM

So extreme Vergütungsmodelle wie im Vertrieb mit einem variablen Anteil von 40 bis 50 Prozent gab es im KAM noch nie. In der Regel liegt der Bereich für die Individualziele bei 15 bis 20 Prozent vom Zielgehalt. Aber auch das ist heute nicht mehr zeitgemäß!

Der Key Account Manager kann in der Regel heute gar nicht mehr allein den Umsatz mit einem Key Account entwickeln. Es braucht immer die Unterstützung eines guten Backoffices und guten Verkäufern vor Ort, welche die Standorte betreuen. Jeder leistet seinen Beitrag und so müssen aus Individualzielen mindestens Teamziele werden. Im internationalen Kontext kann das Ganze noch extremer werden. Da erfolgt das Design-In bei einem Key Account in Polen, das Headquarter des Kunden liegt in Deutschland und die Lieferung erfolgt anschließend in die USA und China. In diesem Fall würde viel Arbeit auf die Teammitglieder in Polen zukommen, während sich die Kollegen aus China und den USA über fast geschenkten Umsatz freuen dürfen. In Summe muss aber auch hier jeder seinen Beitrag leisten, damit am Ende alle zusammen im Team erfolgreich sind. Hier geht die Reise – aus meiner Sicht – klar hin zu einer Erfolgsprämie, die dann gezahlt wird, wenn im gesamten KAM Team oder im Unternehmen die Ziele erreicht werden. Persönliche Individualziele werden weniger bedeutend und mehr qualitativ ausgerichtet werden.

Auch diese Veränderungen haben für einige Unternehmen gravierende Folgen!

Megatrend: Digitalisierung

Während in einigen deutschen Amtsstuben noch das Fax als das Nonplusultra der Neuzeit angesehen wird, reden andere schon über Virtual Reality, das Metaverse und künstliche Intelligenz (KI). Die Veränderungen sind hier so wahnsinnig schnell und teilweise radikal.

Viele Key Accounts nutzen bereits heute Beschaffungsplattformen (wie SAP Ariba und andere), um so möglichst viele Lieferanten anzubinden und größere Auswahloption zu haben. Elektronische Anbindungen sind heute Standard und dennoch wird sich in diesen Themen in den nächsten Jahren noch unheimlich viel tun. Es gibt Key Accounts, die bereits heute als klares Ziel eine zu 100 Prozent durchgeführte digitale Abwicklung (von der Bestellung bis hin zur Rechnungsstellung) fordern. Es darf kein Vorgang mehr händisch nachbearbeitet werden! Das hört sich so leicht und selbstverständlich an, stellt aber für die meisten Unternehmen heute eine große Herausforderung dar. Gerade die elektronischen Anbindungen bieten bei Key Accounts gute Ansätze für einen Geschäftsausbau oder auch, um die Key Accounts noch enger an das eigene Unternehmen zu binden. Aber manchmal können solche Plattformen auch langjährige Geschäftsbeziehungen gefährden!

In der Praxis erlebe ich es aber sehr häufig, dass Key Account Manager zu diesem Thema überhaupt nicht aussagefähig sind. Wenn sich die Key Account Manager in einem Thema unsicher fühlen, werden Sie dieses Thema auch nicht aktiv ansprechen und in der Regel werden sie noch nicht einmal wirklich hinhören, wenn der Kunde ihnen dazu etwas mitteilt.

Die Covid-19-Pandemie hat die interne und externe Kommunikation radikal auf den Kopf gestellt. Während ich oben noch von der Senator Karte der Lufthansa gesprochen habe, würden viele im KAM heute den Senator Status von Microsoft Teams erhalten. Dieser radikale Schwenk von „nur persönliche Meetings sind echte Kontakte“ hin zu zwei Jahre fast NULL persönliche Treffen mit den Kunden hat den Arbeitsalltag der Key Account Manager signifikant verändert. Wenn wir ehrlich sind, hat diese Digitalisierung uns im KAM riesige Chancen eröffnet. Waren Termine mit dem Key Account früher immer mit längeren Dienstreisen verbunden, können wir heute mehr Personen auch mal zwischendurch für eine halbe Stunde per Teams hören und sehen!

Aber nun müssen auch zum Beispiel größere Verhandlungen mit dem Key Account digital durchgeführt werden. Da hatten auch viele alte Hasen plötzlich starken Respekt vor der nächsten Verhandlung, da sie sich schlichtweg unsicher bei diesem neuen Medium fühlten.

Unter der Überschrift der Digitalisierung könnte man jetzt noch viele Beispiele aufzeigen. Ich möchte Sie an dieser Stelle aber lediglich dafür sensibilisieren, dass Sie Ihr Unternehmen, Ihre Prozesse (intern und extern), Ihr KAM-Programm und letztendlich auch die Key Account Manager kontinuierlich auf das nächste Level im Bereich der Digitalisierung bringen müssen!

Megatrend: Nachhaltigkeit

Über Nachhaltigkeit und nachhaltige Lösungen sprechen wir schon seit Jahren! Das ist nichts Neues! Ich kann mich an Projekte erinnern, bei denen wir schon 2015 über Cradle-to-Cradle-Lösungen (mit Rücknahme der gebrauchten Güter und einer Wiederverwendung der Rohstoffe) gesprochen haben. Gefühlt waren damals einige Unternehmen und Lösungen weiter als die Anforderungen und Bedarfe der Kunde. Was aber jetzt und in der Zukunft entscheidend ist, dass das Thema Nachhaltigkeit im Geschäftsleben real angekommen ist. Nachhaltigkeitsaspekte werden jetzt zu wichtigen Kriterien, um überhaupt bei Key Accounts noch anbieten oder gar liefern zu dürfen. Die Anforderungen aus dem Lieferkettensorgfaltspflichtengesetz treiben Key Accounts genauso um wie die Lieferanten.

Praxisbeispiel

Auch viele Kunden sind beim Thema Nachhaltigkeit erst am Anfang der Reise. Damit verbunden sind sehr häufig ein noch fehlendes Wissen und eine gewisse Unsicherheit. Ein Lieferant nutzt genau diese Übergangsphase als Chance, um seine Key Accounts aktiv beim Thema Nachhaltigkeitsanforderungen zu begleiten und damit die Anforderungen von morgen aktiv mitzugestalten. Damit stellt der Lieferant sicher, dass er morgen nicht von Anforderungen des Kunden überrascht wird, die er gar nicht erfüllen kann.

In einem Key Account-Strategieworkshop haben einige Key Account Manager ihre Key Account Pläne präsentiert. Nach circa einer Stunde meldet sich ein Teilnehmer mit einer sehr zentralen und wichtigen Aussage: „Mir fällt auf, dass jeder von uns über Nachhaltigkeit spricht, aber jeder von uns etwas anderes darunter versteht. Für die einen ist es der CO_2-Fußabdruck, für die anderen die Recyclingquote und für Dritte wiederum eine Frage der Verpackungen."

Diese Aussage hört sich so selbstverständlich und banal an, trifft aber eine große Herausforderung genau auf den Punkt: Jeder spricht drüber, jeder meint etwas anderes! Alle reden leicht aneinander vorbei!

Während wir heute noch unseren Key Accounts aufzeigen, wie sie durch unsere Lösungen Prozesse und Abläufe optimieren können, werden wir morgen den Key Accounts aufzeigen, wie sie mit uns den CO_2-Footprint reduzieren können!

An dieser Stelle wiederhole ich den Satz, mit dem ich bereits den Abschnitt Digitalisierung abgeschlossen habe. Stellen Sie sicher, dass Ihre Ansätze und Lösungen für Key Accounts das Thema Nachhaltigkeit abdecken und dass Ihre Key Account Manager zu diesem Thema aussagefähig sind!

Agile Anpassung der Strategien

Weiter oben habe ich schon erwähnt, dass sich der Key Account Management-Ansatz von einem langfristig orientierten Ansatz mit einem Zeithorizont von fünf bis zehn Jahren zu einem mittelfristigen Ansatz mit einem Zeithorizont von drei Jahren verändert hat. Die letzten fünf Jahre hat die Veränderungsgeschwindigkeit aber noch einmal extrem zugelegt. Märkte und die daraus resultierenden Anforderungen der Key Accounts ändern sich teilweise schon im Jahresrhythmus.

Hier nur ein paar Beispiele der letzten Jahre:

- Die Wahl von Donald Trump zum Präsidenten der USA führte zur „America first"-Politik. Waren müssen verstärkt lokal produziert werden. Übrigens sehen wir genau dieselbe Politik jetzt von Joe Biden. Das heißt, Global Key Accounts erwarten „Global footprint und service, aber eben auch local production und sourcing"!
- Probleme in den Lieferketten haben fast alle Unternehmen in Schwierigkeiten gebracht.
- Dann der Ukraine-Krieg, starker Anstieg der Energiepreise und die folgende Inflation.

Wer diese Anforderungen möglichst antizipiert und sich schnell auf die Veränderungen einstellen kann, ist hier klar im Wettbewerbsvorteil. Themen wie die lokale Produktion sind nicht von heute auf morgen veränderbar. Aber nehmen Sie nur aktuelle Anforderungen der Key Accounts. Die Kunden brauchen eine Kalkulationssicherheit und stabile Preise. Die Anbieter passen die Preise teilweise im Wochentakt an. Da treffen Welten aufeinander. Immer nur zu sagen, wir können aktuell keine Preisstabilität anbieten, ist keine Lösung. Gerade jetzt braucht es lösungsorientierte Ideen und Konzepte. Dann müssen wir eben Rohstoffe jetzt einkaufen, gegebenenfalls sogar schon jetzt vorproduzieren und über Lagerkonzepte die Verfügbarkeit für die nächsten 1 bis 3 Jahre sicherstellen.

Lean KAM und strategische Partnerschaften

Ich bin schon auf die beiden unterschiedlichen KAM Ansätze eingegangen. In der Zukunft werden wir hier eine noch stärkere Spreizung sehen. Da gibt es dann wenige strategische Key Accounts, mit denen wir auch über Value Co-Creation sprechen, und immer mehr Key Accounts, bei denen es mehr auf Operational denn auf Strategic Excellence ankommt.

Next Level KAM-Ideen

- Wie attraktiv ist Ihre Stellenausschreibung für die Position eines Key Account Managers für jüngere Mitarbeiter?
- Ist Ihr Unternehmen noch auf Individualziele ausgerichtet und denken Sie schon in Teamziele und Gesamterfolgsprämien?
- Alle reden über Digitalisierung, KI, Nachhaltigkeit und mehr. Ich lade Sie ein, einmal konkret zu beschreiben, wie Ihr Key Account Management-Ansatz diese großen Trends reflektiert.

Teil 2

Der KAM-Fitness-Check

Wenn Sie heute bereits ein Key Account Management im Unternehmen etabliert haben, können Sie im Folgenden Ihr KAM-Programm einem ersten 27-Punkte-Fitness-Check unterziehen.

Sollten Sie in Ihrem Unternehmen heute noch kein systematisches Key Account Management etabliert haben, so vermute ich dennoch, dass Sie heute – wenn auch mehr intuitionsgetrieben – mit einigen „wichtigen" Kunden anders verfahren als mit der breiten Masse Ihrer Kundenbasis. Kurzum: Auch in diesem Fall empfehle ich Ihnen den Fitness-Check einmal zu durchlaufen.

Dieser Check umfasst die acht Dimensionen eines professionellen Key Account Management-Programms. Die Bewertung der einzelnen Aspekte erfolgt jeweils in einer Skala von „0 gar nicht vorhanden oder ausgeprägt" bis zu „5 sehr hoch ausgeprägt".

1 | Ziele und Terminologien		Bewertung
1	Es gibt eine klare Zielsetzung für das Key Account Management (KAM), die auch schriftlich vorliegt und auf der Unternehmensstrategie aufbaut.	
2	Die im KAM verwendeten Begriffe (Key Account Management, Global Key Account, Corporate Key Account oder andere) sind eindeutig definiert und im Unternehmen bekannt.	
3	Das KAM-Programm des Unternehmens wurde in einem Handbuch strukturiert (zum Beispiel anhand der acht Dimensionen) beschrieben.	
4	Im Unternehmen wurde klar definiert, ob KAM als reiner Vertriebsansatz oder als ganzheitlicher Unternehmensansatz umgesetzt werden soll.	
5	Im Unternehmen gibt es eine Person oder ein Team, welches sich um die kontinuierliche Weiterentwicklung des KAM-Programms kümmert.	

2 | Key Account Identifikation/Selektion		Bewertung
6	Die Key Accounts wurden nach einem transparenten, schriftlich vorliegenden Prozess klar definiert.	
7	Die Liste der Key Accounts wird regelmäßig überprüft und gegebenenfalls angepasst.	
8	Die Key Accounts sind im Unternehmen transparent, das heißt allen notwendigen Bereichen bekannt.	
9	Die Key Accounts wurden (international) eindeutig im ERP-System als Key Account gekennzeichnet.	

3 | (Exklusiv-)Leistungen für Key Accounts		Bewertung
10	Key Accounts erhalten Leistungen, die nur ihnen angeboten werden beziehungsweise für die andere Kundengruppen zahlen müssten. (Beispiele: KAM als Vertriebsansatz – ein überregionaler Ansprechpartner, übergreifende Auswertungen, … KAM als Unternehmensansatz – bevorzugte Behandlung bei Lieferengpässen, feste Ansprechpartner im Service, …)	

4 | Organisation und Key Account Teams		Bewertung
11	KAM ist ein Team Ansatz. Für die Key Accounts wurden daher Teams im Unternehmen gebildet (zum Beispiel Key Account Manager, Innendienst, Flächenvertrieb für die Standortbetreuung und gegebenenfalls bei einem Unternehmensansatz auch Personen aus anderen Abteilungen).	
12	In diesen virtuellen Key Account Teams gibt es einen regelmäßigen Informationsaustausch.	
13	Die Key Account Teams verfolgen eine abgestimmte Account-Strategie.	
14	Aufgaben, Kompetenzen und Rollen sind im Key Account Team klar abgestimmt (zum Beispiel mittels der RASIC-Methode).	
15	Für jeden (strategischen) Key Account gibt es eine Patenschaft im Senior Management.	

5 | Personal		Bewertung
16	Es gibt Anforderungsprofile für die Key Account Manager Positionen (NKAM, IKAM, GKAM) sowie für alle Mitarbeiter im Key Account Management.	
17	Es gibt ein systematisches Aus- und Weiterbildungsprogramm für Key Account Manager.	
18	Es gibt eine Fachkarriere für Key Account Manager.	
19	Die Vergütung der Key Account Manager berücksichtigt den strategischen beziehungsweise mittel- bis langfristigen Ansatz von KAM.	

6 | Prozesse und Spielregeln		Bewertung
20	Es gibt einen global auf Key Accounts abgestimmten Budgetplanungsprozess.	
21	Entscheidungskompetenzen, Entscheidungsprozesse sind für Key Accounts klar geregelt! (Wer entscheidet was? Wer muss wen wann über was informieren?)	

7 | Werkzeuge		Bewertung
22	Für jeden Key Account wird/wurde ein Key Account Plan (ein Geschäftsentwicklungsplan) schriftlich erstellt.	
23	Dieser Key Account Plan wird mindestens einmal im Jahr gegenüber dem Topmanagement präsentiert und dort einem Review unterzogen.	
24	Ein global ausgerichtetes CRM reflektiert insbesondere die meist komplexen internationalen Key Account Strukturen.	
25	Für die Kommunikation in den Key Account Teams wurden Kommunikationsräume (zum Beispiel in Microsoft Teams) eingerichtet.	

8 | Steuerung		Bewertung
26	Die Steuerung des Key Account Managements geht über die reine finanzorientierte Vertriebssteuerung hinaus (Stichwort: Balanced Scorecard)	
27	Pro Key Account werden auch (global) ausgerichtete Teamziele definiert.	

Welche drei Punkte aus der Checkliste sind für Sie die Punkte, mit denen Sie Ihr KAM-Programm auf das nächste Level bringen können?

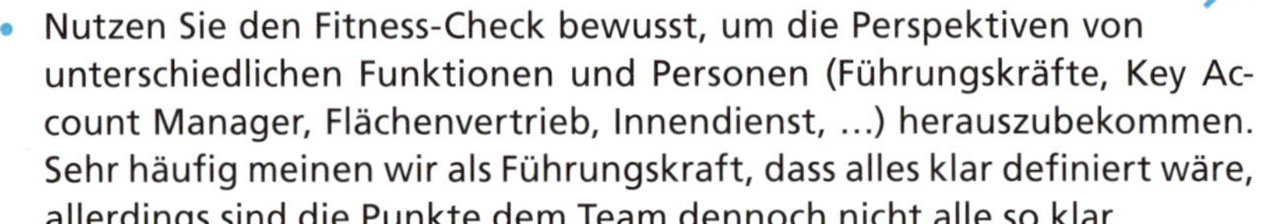

Next Level KAM-Ideen

- Nutzen Sie den Fitness-Check bewusst, um die Perspektiven von unterschiedlichen Funktionen und Personen (Führungskräfte, Key Account Manager, Flächenvertrieb, Innendienst, ...) herauszubekommen. Sehr häufig meinen wir als Führungskraft, dass alles klar definiert wäre, allerdings sind die Punkte dem Team dennoch nicht alle so klar.

Teil 3

Auf dem Weg zum professionellen Key Account Management: Ihr individuelles KAM-Handbuch

 **Kernaussagen**

- Das KAM-Handbuch beschreibt kurz und kompakt Ihren unternehmensindividuellen Key Account Management-Ansatz.
- „One language – one toolkit" ist ein kritischer Erfolgsfaktor im KAM. Das Handbuch unterstützt Sie dabei, ein einheitliches Verständnis von KAM im gesamten Unternehmen sicherzustellen.

Stellen Sie sich bitte mal folgende Situation gedanklich vor: Sie starten in einem Unternehmen als Key Account Manager oder auch als Leiter Key Account Management. Welche Fragen in Bezug auf KAM gehen Ihnen so durch den Kopf?

Vielleicht die folgenden:

- Was bedeutet KAM genau in diesem Unternehmen?
- Wer sind die sogenannten Key Accounts beziehungsweise Schlüsselkunden? Warum wurden gerade diese Unternehmen ausgewählt?
- Welche Leistungen erbringt das Unternehmen exklusiv für Key Accounts?
- Wie ist das KAM heute organisatorisch eingebettet?
- Welche Trainings gibt es für Key Account Manager?
- Welche Werkzeuge stehen mir im KAM zur Verfügung? Wo finde ich diese?

Na, würden Sie sich einige dieser Fragen auch stellen?

Stellen Sie sich einmal vor, Sie würden im Vorstellungsgespräch oder spätestens an Ihrem ersten Arbeitstag ein kleines Handbuch erhalten, das Ihnen all diese Fragen im Überblick beantworten würde. Wäre das nicht hilfreich? Und genau darum geht es in diesem Kapitel. Es geht um das Key Account Management Handbuch! Als Struktur können Sie zum Beispiel das Key Account Management Excellence Modell verwenden, welches im nächsten Abschnitt vorgestellt wird.

Ein kritischer Erfolgsfaktor im Key Account Management lautet:

„One language – one toolkit"

Das bedeutet, dass alle Personen und Abteilungen, die im Key Account Management involviert sind, dieselbe Sprache sprechen. Damit gemeint ist zunächst ein identisches Verständnis von Begriffen und vom KAM-Ansatz im

Allgemeinen. Mit „one toolkit" stellen Sie sicher, dass alle den gleichen Werkzeugkoffer im KAM nutzen.

- Wird im Unternehmen beispielsweise der Begriff „Corporate Key Account Manager" genutzt, dann wissen auch alle genau, was damit gemeint ist.
- Alle sprechen von einer „Buying Center" Analyse und es wird auch nur dieser Begriff verwendet. Niemand spricht von einer Power Map oder Decision Making Unit Analyse. Und auch noch ganz wichtig: Alle nutzen die Buying Center Analyse in derselben Art und Weise.

Dieser Ansatz vereinfacht nicht nur die Kommunikation, er macht darüber hinaus den Austausch von Informationen wesentlich effizienter und führt zu weniger Missverständnissen.

Eine Struktur, die sich bewährt hat, sieht folgendermaßen aus:

1	**Key Account Management @ firmenname** Wie definieren wir KAM? Welche Begriffe nutzen wir im KAM?
2	**Key Account-Selektion** Wie identifizieren wir die richtigen Key Accounts für die Zukunft? Wer macht es und wann?
3	**Leistungen für Key Accounts** Was machen wir für unsere Key Accounts anders?
4	**Organisation** Wie haben wir KAM in den Organisationen eingebettet? Wie leben wir den KAM Teamansatz?
5	**Key Account Manager** Wie sieht das Jobprofil aus? Welche Trainings bieten wir an?
6	**Spielregeln** Welche Kommunikations- und Entscheidungsspielregeln halten wir ein?
7	**Toolbox** Mit welchen Werkzeugen arbeiten wir im KAM?
8	**Steuerung und KPIs** Welche Kennzahlen nutzen wir, um den Erfolg von KAM zu überprüfen?
9	**Wichtige Ansprechpartner** Wer hilft zu welchen Themen im KAM?

Hier noch ein paar Tipps aus der Praxis:

1. Halten Sie das Handbuch bewusst kurz. Es hat sich ein Umfang von bis zu 25 Seiten im Format von Microsoft PowerPoint bewährt.
2. Nutzen Sie im Handbuch aktive Links, um auf Vorlagen und weitergehende Informationen zu verweisen. So stellen Sie sicher, dass alle immer auf die aktuelle Version der „Tools" zugreifen. Außerdem halten Sie Ihr KAM-Handbuch schlank. Wenn wir hier also von einem Buch sprechen, dann ist damit eine Sammlung wichtiger Informationen gemeint, die natürlich nicht ausgedruckt werden müssen.
3. Nutzen Sie das KAM-Handbuch im Onboarding-Prozess für neue Mitarbeiter.
4. Nichts ist so beständig wie der Wandel. Das heißt, achten Sie darauf, dass es eine Person gibt, die für die Aktualität verantwortlich ist.

Next Level KAM-Ideen

- Wenn Sie bisher noch kein Handbuch nutzen, dann beginnen Sie jetzt. Tragen Sie einfach alle Standards zum KAM in Ihrem Unternehmen zusammen und erarbeiten Sie Ihr Handbuch.
- Wenn Sie bereits ein Handbuch entwickelt haben: Wann wurde es das letzte Mal überarbeitet? Wer ist für die Aktualität verantwortlich? Wissen alle Personen im Führungskreis und KAM überhaupt, dass es das Handbuch gibt und wo sie es finden können?

Das KAM Excellence-Modell

Kernaussagen

- Key Account Management als strukturierter Ansatz braucht auch ein strukturiertes Modell, um die verschiedenen Aspekte im KAM in der richtigen Reihenfolge systematisch beleuchten zu können. Genau das bietet das Key Account Management Excellence-Modell mit seinen acht Dimensionen.

Ein systematisches Key Account Management umfasst eine Reihe von wichtigen Bausteinen. In der Praxis haben sich dabei acht Hauptbereiche herauskristallisiert, die untereinander in einer Abhängigkeit zueinanderstehen.

Abbildung 9: KAM Excellence-Modell

Wann immer Sie KAM einführen oder Ihr bestehendes Key Account Management weiterentwickeln wollen, müssen Sie am Ende alle acht Dimensionen in Ihrer Arbeit berücksichtigen. Hier die Kernfragen des jeweiligen Bereiches im Überblick:

Dimension	Fragestellung
Ziele, Strategie, Begriffe	• Was wollen Sie mit Ihrem KAM erreichen? • Welche Begriffe werden im Rahmen des KAM-Programms verwendet?
Key Account-Selektion	• Wie werden die Key Accounts systematisch identifiziert? • Wie sieht der Prozess zur regelmäßigen Überprüfung der Key Account-Liste aus? • Wer entscheidet über die Key Account-Liste auf nationaler beziehungsweise internationaler Ebene?
Leistungen/Pakete für Key Accounts	• Welche besonderen Leistungen erhalten die Key Accounts, die „normale" Kunden nicht bekommen?
Organisation & Key Account Teams	• Wie wird das KAM in Ihre Organisation eingebettet? • Wer gehört zum Key Account Team?

Key Account Manager	• Wie sieht die Stellenbeschreibung eines Key Account Managers aus? • Welche Trainings werden für Key Account Manager angeboten? • Welche Karrierepfade gibt es? • Wie wird der Key Account Manager vergütet?
Prozesse & Spielregeln	• Welche Spielregeln müssen im (globalen) Key Account Management definiert werden? • Wie wird das KAM in die Unternehmensprozesse eingebettet?
Werkzeuge	• Welche Werkzeuge werden verwendet, die das KAM in der operativen Umsetzung unterstützen?
Steuerung	• Mit welchen Kennzahlen und wie wird das KAM gesteuert?

Diese acht Dimensionen sind in einer Reihenfolge angeordnet. Insbesondere wenn Sie Key Account Management im Unternehmen einführen wollen, sollten Sie die Dimensionen immer von oben nach unten abarbeiten. Dahinter steckt die folgende Logik:

1. Die Ausrichtung und die Ziele Ihres KAM-Programms bestimmen Ihre Auswahlkriterien für die Key Accounts.
2. Die Anforderungen der ausgewählten Key Accounts haben einen maßgeblichen Einfluss auf die Leistungen, die Sie diesen Key Accounts anbieten werden.
3. Die Entscheidungsstrukturen und die organisatorische Aufstellung der Key Accounts wird einen entscheidenden Einfluss auf die organisatorische Einbettung Ihres KAM und die Zusammensetzung der Key Account Teams haben.
4. Aus diesen obigen Punkten ergibt sich das Anforderungsprofil für den Key Account Manager.
5. Aus den obigen Punkten ergibt sich dann die Notwendigkeit, gewisse Spielregeln und Entscheidungskompetenzen im Key Account Management festzulegen.
6. Um das Ganze umsetzen zu können, braucht es jetzt noch das richtige Toolkit, den passenden Werkzeugkoffer.
7. Der finale Punkt der Steuerung könnte durchaus auch schon weiter vorn behandelt werden. In der Praxis habe ich aber schon oft gesehen, dass sich im Laufe des gesamten Konzeptprozesses immer wieder neue Puzzleteile für die Steuerung ergeben.

Beispiele:

- Ziel des KAM-Programms: Neben dem Ausbau vom Umsatz sollen auch neue Lösungen gemeinsam mit den Key Accounts entwickelt werden (→ Kennzahlen für die Steuerung: Umsatz + Anzahl der gemeinsamen Entwicklungen)
- Toolkit: Ein Key Account Plan soll international eingeführt werden (→ Kennzahl für die Steuerung: Key Account Pläne für Top 10 Key Accounts erstellt)

Im Folgenden werden die acht Dimensionen aus dem Key Account Management Excellence- Modell im Detail beleuchtet.

Next Level KAM-Ideen

- Nutzen Sie heute bereits ein systematisches Modell, um Ihr KAM-Konzept zu strukturieren beziehungsweise zu beschreiben?
- Falls ja, welche Aspekte aus dem obigen Modell fehlen noch in Ihrer Struktur?
- Falls nein, mit welchem Grundmodell wollen Sie Ihr KAM-Konzept beschreiben?

1. Ihre KAM-Ziele und verwendete Begriffe

Kernaussagen

- Ohne eine klare Zielstellung für Ihr Key Account Management können Sie niemals die richtigen Key Accounts auswählen, die optimale KAM-Organisation implementieren und mit dem richtigen Team das KAM professionell umsetzen.
- Das Ziel Ihres KAM-Programms muss immer auf Ihren Unternehmenszielen aufbauen!
- Einheitliche Begriffe im KAM sind scheinbar selbstverständlich, aber in der Praxis gibt es häufig sehr unterschiedliche Interpretationen – mit unterschiedlichen Folgen.

Dem ersten Bereich „Ziele, Strategie und Begriffe" aus dem Key Account Management Excellence Modell wird leider in der Praxis viel zu häufig zu wenig Aufmerksamkeit geschenkt. Das führt in der Umsetzung immer wieder zu neuen Fragen und Verwirrungen. Daher nehmen Sie sich die Zeit und halten Sie Ihre Ergebnisse auf alle Fälle schriftlich fest.

Klären Sie dieses Kapitel immer zuerst! Alle anderen Themen (Auswahl der Key Accounts, Leistungen für Key Accounts, Organisation, ...) bauen auf einem klaren Ziel für Ihr KAM-Programm auf!

Was ist das Ziel von KAM in Ihrem Unternehmen?

Es gibt nicht *das* KAM, sondern immer ein auf das Unternehmen und seine Ziele ausgerichtetes Key Account Management. Die folgende Abbildung zeigt die sogenannte Strategiepyramide. An der Spitze stehen die Unternehmensziele und die daraus abgeleiteten Strategien, um diese Ziele erreichen zu können. Erst aus diesen Zielen und Strategien können Sie Ihre Gesamtvertriebsstrategie ableiten. Teil dieser Strategie ist im Rahmen eines Channel Managements dann auch das Thema Key Account Management. Das heißt, hier gilt der norddeutsche Spruch: *„Der Fisch stinkt vom Kopf!"* Wenn Sie die Unternehmensziele und -strategien nicht kennen, ist es sehr wahrscheinlich, dass Sie Ihr Key Account Management zwar professionell aufsetzen, es jedoch leider in die verkehrte Richtung läuft!

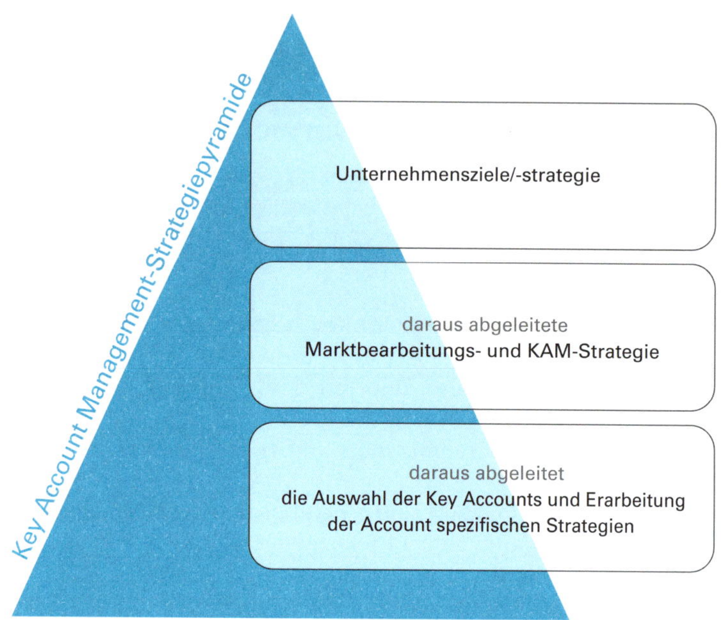

Abbildung 10: KAM-Strategiepyramide

Negativbeispiel: Ihr Unternehmensziel ist, Marktführer in Asien zu werden. Ihr Key Account Management ist aber auf nationale Kunden in Europa ausgerichtet! Das KAM wird so keinen Beitrag zum Unternehmensziel leisten.

Hier ein paar Beispiele aus der Praxis für Ziele im Key Account Management, bei denen sich die Implementierung durchaus stark voneinander unterscheidet:

1. Umsatzabsicherung und Geschäftsausbau mit den Top-25-Kunden auf globaler Ebene.
   → Umsatzziel: x € bis 2030!
2. Ausgewählte Key Accounts sollen als Innovationstreiber genutzt werden und mit diesen sollen gemeinsam (in einer strategischen Partnerschaft) neue Produkte und Lösungen entwickelt und vermarktet werden.
   → Drei strategische Entwicklungspartnerschaften bis 2025.
3. Umsatzabsicherung mit dem größten Kunden sowie gleichzeitiger Auf- und Ausbau von weiteren Key Accounts. Somit soll die Abhängigkeit von dem einen Kunden stark reduziert werden.
   → Umsatz mit Hauptkunden < = x € und > x € mit maximal vier weiteren Key Accounts in 2025.

4. Effizienzsteigerung in der Marktbearbeitung erreichen, indem wir stärker auf die Spezifikation der Endkunden einwirken.
   → Als bevorzugter Lieferant bei x OEMs bis 2023 spezifiziert; x neue Projekte mit einem Umsatzvolumen von y € bei diesen OEMs bis 2025 gewonnen.

5. Geschäftsabsicherung und Ausbau bei „komplexen" Kunden (internationale Entscheidungsprozesse, mehrere Standorte, ...), bei denen eine koordinierte Bearbeitung unumgänglich ist.
   → x € bis 2025.

Alle fünf Zielausrichtungen werden eine unterschiedliche Implementierung des KAM-Ansatzes in Ihrem Unternehmen zur Folge haben!

Auch für die KAM-Ziele gilt die gute alte SMART-Regel. Das heißt: Formulieren Sie Ihr Ziel/Ihre Ziele so spezifisch und messbar wie möglich und versehen Sie die Ziele mit einem Enddatum. Nur aus dieser sehr präzisen Formulierung lassen sich anschließend Konsequenzen ableiten, mit welchen Kunden Sie diese Ziele überhaupt erreichen können.

Welche Begriffe werden im Key Account Management verwendet?

Mit der Einführung von KAM geht auch immer die Verwendung von neuen Begriffen einher, die in jedem Unternehmen wieder anders verstanden und umgesetzt werden. Daher ist es dringend ratsam, die wichtigsten Begriffe schriftlich festzuhalten und den Mitarbeitern leicht zugänglich zu machen. Hier kann Ihnen das bereits beschriebene KAM-Handbuch sehr nützlich sein, welches Sie zum Beispiel im Intranet oder auf dem SharePoint zur Verfügung stellen können.

Im Folgenden finden Sie eine Auswahl von Begriffen, mit denen Key Accounts in Unternehmen bezeichnet werden.

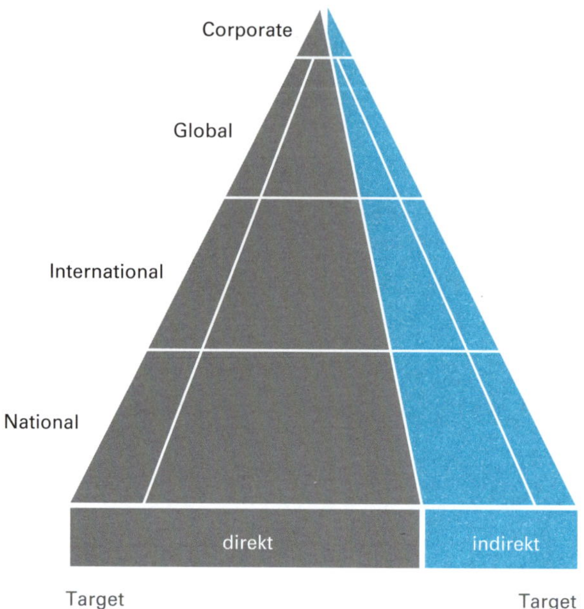

Abbildung 11: Key Account-Pyramide

Die Key Account-Pyramide basiert auf zwei Dimensionen. Auf der Horizontalen differenziert man zwischen den verschiedenen Typen der Key Accounts und auf der Vertikalen kommt die geografische Dimension dazu. Eine Ausnahme bildet dabei der Begriff des Corporate Key Accounts. Die Größe der Fläche gibt Ihnen auch eine Idee über die Anzahl der Key Accounts, die wir in der Praxis wiederfinden. Viele direkte National Key Accounts bilden oft die Basis. Nach „oben" wird die Luft dann dünner und die Anzahl der Global Key Accounts ist entsprechend kleiner. Auf die Corporate Key Accounts werde ich gleich gesondert eingehen. In der Regel haben wir auch mehr direkte als indirekte Key Accounts in den Unternehmen.

Hier die Begriffe kurz zusammengefasst:

Direkt oder indirekt

In den meisten Fällen wird das KAM heute immer noch für die direkte Geschäftsbeziehung zwischen dem Lieferanten und seinem *direkten* Kunden eingesetzt. Darüber hinaus stellen sich viele Unternehmen heute eine hervorragende Frage im KAM: *„Wer sind die Marktteilnehmer, die den größten Einfluss haben?"* Wird das Key Account Management so ausgerichtet, bezeichne ich es gern als das *KAM 2.0*. Das heißt, hier versucht das Unternehmen die wichtigsten Marktteilnehmer so zu beeinflussen, dass es am Ende zu einem sogenannten Pull-Effekt kommt und die direkten Kunden quasi von allein mit Ihnen als Lieferant das Geschäft machen wollen.

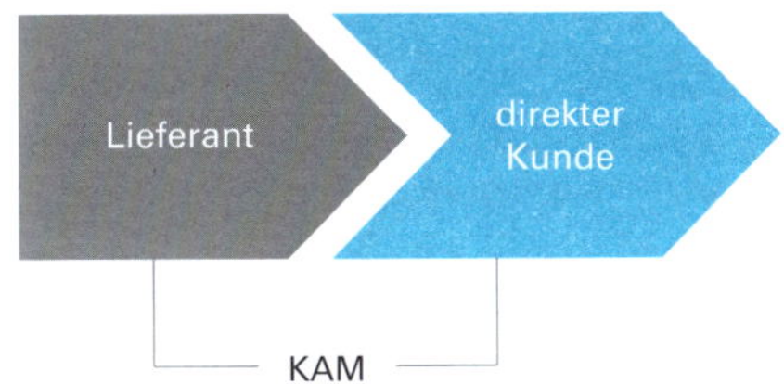

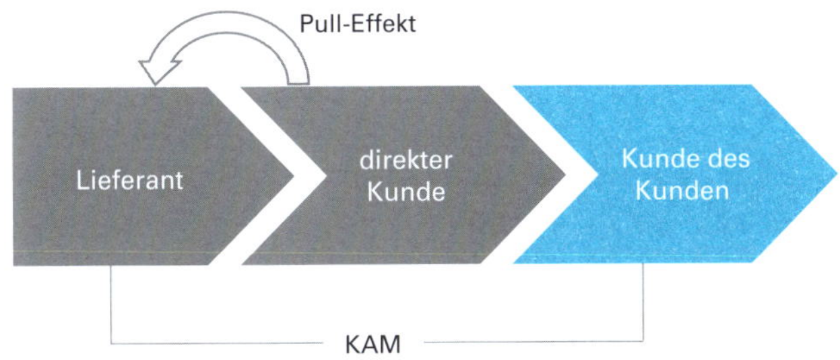

Abbildung 12: direkte oder indirekte Key Accounts

Zu diesen indirekten Key Accounts gehören in der Praxis auch häufig Verbände (Multiplikatoren), die nicht direkt einkaufen, aber ihren Mitgliedern über Rahmenverträge besondere Konditionen anbieten. Zu den indirekten können aber auch „Influencer" wie Fachberater, Architekten und andere gehören.

Target

Ein Target Account ist ein als potenzieller Key Account identifizierter Kunde, zu dem heute noch keine oder lediglich eine geringe Geschäftsbeziehung besteht.

National

Bei einem National Key Account handelt es sich um einen Key Account, der lediglich in einem Land aktiv ist (ein local hero) **oder** um einen Ableger eines International/Global Key Accounts.

International

Ein Key Account, der in mehr als zwei Ländern aktiv ist.

Global

Ein Key Account, der in mehr als x (zum Beispiel zehn) Ländern oder mehr als zwei Kontinenten aktiv ist.

Einigen von Ihnen fehlt jetzt vielleicht noch die Gruppe der Regional Key Accounts. In der Regel sprechen wir dabei von Kunden, die vorrangig in einer Region tätig sind. Als Grundlage wird dabei aber fast immer die *eigene* Organisation herangezogen (Nordics, EMEA, ...), was nicht wirklich etwas mit dem Kunden zu tun. Diese Kategorie wird daher heute vorrangig bei globalen Key Accounts verwendet, um das Key Account Team effizienter strukturieren zu können (Global Key Account Manager mit wenigen Regional Key Account Managern, die dann die Strategie in die einzelnen Länder mit den National Key Account Managern multiplizieren).

Corporate Key Account

Der Begriff Corporate Key Account wird in Unternehmen sehr unterschiedlich verwendet. Zunehmend wird darunter ein Kunde verstanden, der weltweit aufgestellt ist und für das Gesamtunternehmen (das heißt für „alle" Geschäftsbereiche) wichtig beziehungsweise interessant ist. Dahingegen könnte ein Global Key Account Kunde zum Beispiel für „lediglich" eine Sparte des Unternehmens interessant sein. Aus dieser Definition heraus ergibt sich bereits, dass insbesondere große Konzerne nicht allzu viele Corporate Key Accounts definiert haben.

Aber Achtung: Ich habe auch Mandanten, die unter Corporate Key Accounts, global aufgestellte Kunden verstehen. Sie sehen, wie wichtig es ist, diese unterschiedlichen Begriffe im Unternehmen klar zu definieren.

Praxisbeispiel

Ein Unternehmen unterscheidet bewusst zwischen Key Account Management, Key Project Management und Key Owner Management.

- Key Accounts = direkte, große Kunden mit strategischer Bedeutung.
- Key Projects = ausgewählte, große, strategisch wichtige Projekte.
- Key Owners = sehr wenige, ausgewählte, strategisch bedeutende Endkunden.

Diese bewusste Trennung hat zu differenzierten Jobprofilen für die Key Account Manager, Key Project Manager und Key Owner Manager geführt. Dadurch gab es auch mehr Klarheit in der differenzierten Bearbeitung dieser unterschiedlichen Kundengruppen.

Neben diesen Fachbegriffen für ausgewählte Key Accounts macht es auf alle Fälle Sinn, weitere Begriffe kurz zu definieren:

- Key Account Management … (siehe Zielsetzung oben)
- Key Account Manager und die verschiedenen Ausprägungsstufen von Junior bis Corporate … (siehe Kapitel „5 | Key Account Manager – Kompetenzen, Karriere und Vergütung“ ab S. 110)
- Key Account Plan … (siehe Kapitel „7 | Wenige, aber wichtige Werkzeuge im KAM nutzen“ ab S. 128)

Next Level KAM-Ideen

- Die Ziele vom KAM-Programm sind klar definiert.
- Die verwendeten Begriffe im KAM sind klar definiert.
- Die Ziele und Begriffe sind (international) allen involvierten Führungskräften und involvierten Abteilungen bekannt.
- Die Ziele und Begriffe werden auch regelmäßig, systematisch im Rahmen der Überarbeitung der Unternehmensstrategie angepasst.

2. Die richtigen Key Accounts systematisch identifizieren

Kernaussagen

- Weniger und klare Kriterien bringen Sie weiter. Machen Sie aus der Auswahl der Key Accounts keine Doktorarbeit: „Quick and dirty" funktioniert für den Anfang.
- BCG-Portfolio oder lieber eine Scoring-Liste? Für mich hat sich der Scoring-Ansatz in der Praxis bewährt.
- Es braucht Klarheit, wer die Key Accounts final auswählt.
- Die Key Account-Liste muss regelmäßig überprüft werden.

Die Auswahl der richtigen Key Accounts stellt einen der Schlüsselfaktoren im Key Account Management dar. Wenn Sie sich auf die falschen Key Accounts konzentrieren, wird KAM nicht den gewünschten Effekt zur Folge haben, sondern kann im schlimmsten Fall sogar negative Auswirkungen auf Ihre Geschäftsentwicklung haben.

Für mich haben sich acht Erfolgsfaktoren beziehungsweise Prinzipien bei der Auswahl der richtigen Key Accounts bewährt, die im Folgenden auch noch detaillierter beschrieben werden.

- **Weniger Kriterien = mehr Klarheit**
- **„Quick and dirty" ist hier durchaus eine Option!**
- **Auswahlkriterien hängen von Ihrem Ziel für das KAM ab!**
- **BCG-Portfolio oder Scoring-Liste? Welches Werkzeug ist besser?**
- **Weniger Key Accounts = mehr Erfolg (zumindest beim Unternehmensansatz)!**
- **Key Accounts sind selten für die Ewigkeit auf der Liste!**
- **Sie brauchen einen Prozess und klare Verantwortlichkeiten**
- **Die Key Account-Liste muss auch kommuniziert werden**

Erfolgsfaktor: weniger Kriterien = mehr Klarheit

In Projekten erlebe ich es immer wieder, wie – aus meiner Sicht – unnötig kompliziert und akademisch die Selektionskriterien festgelegt werden. Ich lade Sie ein, Ihre Kriterien selbstkritisch zu hinterfragen und zukünftig stärker auf das KISS-Prinzip (Keep It Simple and Stupid) bei der Key Account-Selektion zu setzen.

Dazu ein Beispiel aus der Praxis. Der Leiter Key Account Management eines Unternehmens aus der Maschinenbauindustrie will mit neun Kriterien die Global Key Accounts auswählen:

1. Kunde ist in mehr als zehn Ländern aktiv
2. Ist-Umsatz
3. Adressierbarer, zusätzlicher Umsatz
4. Zentrale Entscheidungsmacht
5. Profit/Marge
6. Kunde kauft mehr als nur ein Produkt
7. Beziehungsmanagement
8. Bereitschaft zur Zusammenarbeit
9. Image/Status in der eigenen Industrie

Jedes Auswahlkriterium wird dann mit Punkten in einer Skala von 1 bis 3 oder 0 bis 4 bewertet.

Vielleicht erahnen Sie es schon, wie aufwendig, kompliziert und am Ende doch wieder sehr subjektiv diese Bewertung der Kunden ausfällt. Je mehr Kriterien Sie nutzen, umso komplizierter wird es. Die Anzahl zwingt Sie dann auch noch dazu, dass Sie eine Gewichtung der Kriterien einführen und die führt nicht selten dazu, dass einige Kriterien am Ende bei fünf Prozent Gewicht landen, also faktisch keine Rolle mehr spielen.

Lassen Sie uns die oben aufgeführten Kriterien einmal kritisch hinterfragen:

- **Kunde ist in mehr als zehn Ländern aktiv:** Dieses Kriterium ist ein Vorauswahlkriterium, da wir hier die GLOBAL Key Accounts ermitteln wollen. Das heißt, im Folgenden muss ich auch nur die Kunden analysieren, die dieses Vorauswahlkriterium erfüllen.
- **Ist-Umsatz:** Macht für mich absolut Sinn! Um Interpretationen zu vermeiden, sollte hier noch das Geschäftsjahr beziehungsweise der Zeithorizont angegeben werden.

- **Adressierbarer, zusätzlicher Umsatz:** Für mich ein absolut sinnvolles Auswahlkriterium für die meisten – auf direkte Kunden – ausgerichteten Key Account Management Programme. Ich würde hier immer einen Zeitraum nutzen (zum Beispiel 2024 bis 2026) und von dem ZUSÄTZLICH ADRESSIERBAREN Umsatzpotenzial sprechen. Hinweis: Viele verwechseln diesen Punkt häufig mit „Customer Spent" oder „Einkaufsvolumen". Wenn der Kunde aber zum Beispiel eine Zwei-Lieferantenstrategie verfolgt, werden Sie niemals 100 Prozent vom Customer Spent erhalten!
- **Zentrale Entscheidungsmacht:** Wichtiger Aspekt, damit ein globales Key Account Management auch wirklich seine volle Kraft entfalten kann. Wenn der Einkauf zentralseitig wirklich Durchsetzungsmacht hat oder Sie zumindest stark beim Geschäftsaufbau in den Ländern unterstützt und nicht nur einen Zentralbonus fürs „da sein" bekommt, dann können Sie mit dem KAM-Programm auch wirklich einen Unterschied machen.
- **Profit/Marge:** Ich liebe dieses Kriterium, aber mal Hand aufs Herz:
  1. Können Sie mir die Marge/den Profit Ihrer Kunden auf globaler Ebene wirklich benennen? Sind Ihre Systeme dazu wirklich in der Lage? Und
  2. Wenn ein Key Account für x Millionen bei Ihnen einkauft, dies allerdings zu einer kleinen prozentualen Marge, würden Sie diesen Key Account wirklich links liegen lassen?

  Gerade bei internationalen KAM-Programmen ist dieses Kriterium zwar sinnvoll, aber eben meist nicht ermittelbar!
- **Kunde kauft mehr als nur ein Produkt:** Bringt Sie das Kriterium wirklich weiter? Würden Sie einen Kunden mit einem Potenzial von einer Million Euro und zehn Produkten wirklich einem Kunden mit einem Potenzial von fünf Millionen Euro und fünf Produkten vorziehen?
- **Beziehungsmanagement:** Wenn Ihr Beziehungsmanagement so genial ist: Warum ist der Umsatz dann heute nicht schon sehr hoch? Oder anders ausgedrückt: Wenn das Beziehungsmanagement sehr schwach ist: Wie können wir von einem hohen adressierbaren Umsatzpotenzial ausgehen? Dieses subjektive Kriterium führt in der Praxis immer wieder zu vielen Diskussionen! Klarer Tipp: Vermeiden Sie subjektive Bauchkriterien!
- **Bereitschaft zur Zusammenarbeit:** Das ist ein klassisches Kriterium, welches Sie auch in allen Key Account Management Büchern wiederfinden. Aus meiner Sicht spiegelt sich dieser Punkt oben im adressierbaren Umsatzpotenzial wider! Wenn der Kunde mit Ihnen gar nicht wirklich zusammenarbeiten will, kann das *adressierbare* Umsatzpotenzial nicht sehr groß sein! Dieser Punkt wäre für mich nur dann sinnvoll, wenn Sie wirklich echte strategische Partner suchen, mit denen Sie auch gemeinsam neue Produkte und Lösungen erarbeiten wollen. Ansonsten würde es bei mir selbst ein Lean Key Account mit hohem Potenzial auf meine Key Account-Liste schaffen.

- **Image/Status in der eigenen Industrie:** Ein Unternehmen ist nicht Markführer in einer Industrie. So what? Wenn der Kunde nur Nummer drei in der Industrie ist, ich dort aber x Millionen Euro Umsatz erzielen könnte, käme er bei mir trotzdem und sofort auf die Key Account-Liste.

Hier mein KISS-Vorschlag für die Auswahlkriterien zur Selektion von Global Key Accounts

- Vorauswahlkriterium: Kunde ist in mehr als zehn Ländern aktiv

Danach werden folgende Punkte bewertet und die Kunden einem Scoring unterzogen:

1. Ist-Umsatz (2023)
2. Zusätzlich adressierbares Umsatzpotenzial (2024 bis 2026)
3. Zentralstruktur mit Macht

Ich lade Sie ein, sich auf drei bis maximal vier Kriterien zu fokussieren!

Erfolgsfaktor: „Quick and dirty" ist durchaus eine Option!

Im ersten Erfolgsfaktor „Weniger Kriterien = mehr Klarheit" haben wir die Anzahl der Kriterien stark reduziert und so mehr Klarheit geschaffen. Allerdings würden in der Praxis jetzt trotzdem die Kriterien noch gewichtet und alle Kunden anhand der Kriterien bewertet werden. Das Ergebnis wird dann meist in einer Scoring-Liste oder einem BCG-Portfolio zusammengetragen (siehe weiter unten). Es geht aber noch einfacher! Nach dem Motto *„Warum kompliziert, wenn es auch einfach geht"* hier eine Lösung, die in der Praxis durchaus angewendet wird. Hier nutzen Sie eine ganz einfache Liste mit Kriterien, die jeweils NUR mit „ja/nein" bewertet werden können.

Hier ein Beispiel für die Key Account-Selektion für ein Unternehmen, das KAM als reinen Vertriebsansatz umsetzt und nationale Key Accounts identifizieren will, um diese dann nicht mehr im Flächenvertrieb, sondern im Key Account Management anzusiedeln.

- Kriterium 1: Kunde hat Standorte in mehr als zwei Vertriebsregionen
- Kriterium 2: Ist-Umsatz 2023 > 100.000 Euro
- Kriterium 3: adressierbares Umsatzpotenzial 2024 bis 2025 > 350.000 Euro per anno

Ihre Auswahlaussage: Wenn diese drei Kriterien erfüllt sind, ist es für Sie ein Key Account!

Ganz geradeaus und einfach. Klasse! Eine Scoring-Methode brauchen wir hier nicht, da alle Kunden, die diese Kriterien erfüllen, ins KAM übernommen werden!

Die gleiche einfache Vorgehensweise könnten Sie verwenden, wenn Sie in einem Markt mit wenigen Spielern (Kunden) unterwegs sind.

Beispiel: Sie sind Tier 1-Zulieferer in der Automobilindustrie. Es ist sehr wahrscheinlich, dass Sie von A wie Audi bis V wie Volkswagen alle großen Marken als Key Accounts definieren werden.

Wenn Sie jedoch eine Reihe von Kunden gegeneinander abwägen müssen – da insbesondere Ihre Ressourcen begrenzt sind –, empfiehlt es sich, eher die Portfolio- oder Scoring-Methode zu verwenden.

Erfolgsfaktor: Auswahlkriterien hängen von Ihrem Ziel für das KAM ab!

Sehr häufig werde ich von Kunden gefragt, mit welchen Kriterien sie denn am besten ihre Key Accounts auswählen sollen. Meine Antwort darauf lautet immer gleich: *„Das kommt darauf an! Das kann ich Ihnen so einfach nicht beantworten!"* Die Auswahlkriterien werden maßgeblich von Ihrem übergeordneten Ziel für das Key Account Management Programm bestimmt.

Hier noch ein paar Beispiele und Ideen dazu.

Zielausrichtung des KAM-Programms	Kriterien
KAM ist auf die globalen Topkunden ausgerichtet.	• Kunde ist global aufgestellt • Ist-Umsatz 2023 • Adressierbares Umsatzpotenzial 2024 bis 2026
KAM ist auf die Endkunden ausgerichtet.	• Endkunde, der Spezifikation maßgeblich bestimmt • Kunde ist in Industrie xyz aktiv • Jahresbedarf > x €
KAM ist auf Verbände ausgerichtet.	• Anzahl der Verbandsmitglieder (Multiplikatoreneffekt)
KAM ist auf Entwicklungspartnerschaft ausgerichtet.	• Unternehmen ist an einer gemeinsamen Produktentwicklung interessiert • Unternehmen ist einer der Top 5-Innovationstreiber in der Industrie

Erfolgsfaktor: BCG-Portfolio oder Scoring-Liste? Welches Werkzeug ist besser?

In der Praxis haben sich zwei Instrumente bewährt, um die Key Accounts systematisch zu selektieren:

1. Die grafische Darstellung, das BCG-Portfolio
2. Die Scoring-Liste

Was unterscheidet die Werkzeuge und wann ist welches Instrument besser in der Praxis?

Wenn die Key Accounts nicht nach der „Quick-and-dirty-Variante" identifiziert werden können, braucht es eine detaillierte Analyse der potenziellen Key Accounts.

Dazu werden in einem ersten Schritt die Auswahlkriterien festgelegt. Zur Illustration hier ein typisches Beispiel:

Es geht um die Auswahl der Global Key Accounts. Das Kriterium, dass der Kunde in mehr als zehn Ländern aktiv ist, wird als Vorauswahlfilter genutzt. Das heißt nur Unternehmen, die diese Grundvoraussetzung erfüllen, werden im Folgenden überhaupt detaillierter analysiert.

- Kriterium 1: Umsatz 2023
- Kriterium 2: Lieferanteil/Share of wallet 2023
- Kriterium 3: adressierbares zusätzliches Umsatzpotenzial 2024 bis 2026 (Schnitt pro Jahr)
- Kriterium 4: Kunde mit zentraler Entscheidungsmacht/Vorgabe
- Kriterium 5: für den Kunden ist unser Lösungsportfolio von strategischer Bedeutung

An dieser Stelle ist schon einmal wichtig zu unterscheiden, dass die ersten beiden Kriterien unsere Geschäftsbeziehung heute (in diesem Jahr) beschreiben, während die letzten drei Kriterien die zukünftige Attraktivität des Kunden beschreiben.

Genau hier setzt die BCG-Portfolio-Analyse an. In der folgenden Grafik sehen Sie eine BCG-Portfolio-Analyse, die zwischen diesen beiden Dimensionen differenziert.

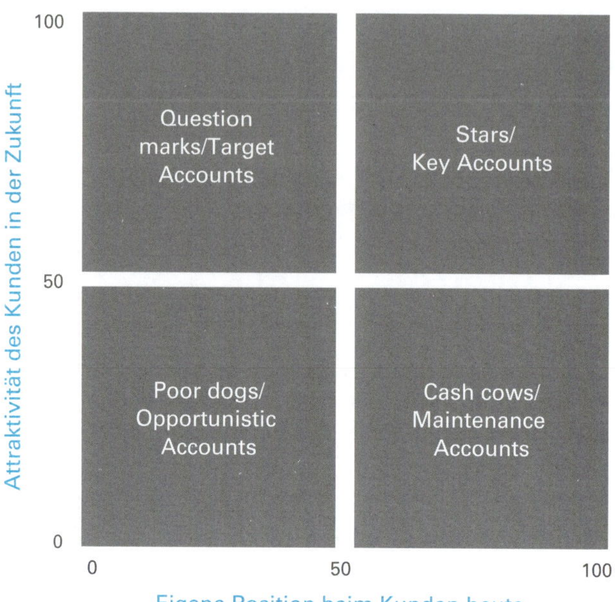

Abbildung 13: BCG-Portfolio-Analyse

Dadurch ergeben sich vier verschiedene Typen von Key Accounts:

- **„Poor dogs" oder auch „Opportunistic Accounts"**
  Diese Kunden zeichnen sich durch eine geringe Attraktivität und eine schwache Stellung des eigenen Unternehmens bei diesen Kunden aus. Aufgrund der geringen Attraktivität dürfen die begrenzten Ressourcen des eigenen Unternehmens nur bedingt („opportunistisch") auf die Geschäftsbeziehung mit diesen Kunden eingesetzt werden. Kurzum: Diese Kunden werden es wohl kaum auf die Liste der Key Accounts schaffen.
- **„Cash cows" oder auch „Maintenance Accounts"**
  Die Attraktivität dieser Kunden wird zwar als gering eingestuft, jedoch hat das eigene Unternehmen eine sehr gute Marktstellung innerhalb dieses Topkunden. Das heißt, diese Kunden gilt es, auch weiterhin seriös und fundiert zu bedienen. Es sind die Kunden, von denen Sie heute leben! Allerdings sind es klassisch nicht die Kunden, die ein hohes Wachstumspotenzial aufweisen, und daher muss sich ein Unternehmen bereits heute nach möglichen Alternativen für die Zukunft umschauen. Bezogen auf die wirklichen Schlüsselkunden gilt es, Ressourcen aus den Bereichen „Poor dogs" und eben auch „Cash cows" Schritt für Schritt abzuziehen und sich auf die echten Key Accounts zu fokussieren. Gerade diese Ressourcenreduzierung fällt in der Praxis meist sehr schwer, da man ja dem guten alten Key Account diese Ressourcen jahrelang angedient hat!

- **„Stars" oder auch „Key Accounts"**
  Diese Kunden weisen eine hohe Attraktivität und eine sehr gute Position des eigenen Unternehmens auf. Diese Topkunden werden als klassische Key Accounts bezeichnet, die die volle Aufmerksamkeit des eigenen Unternehmens verdienen!

- **„Questions marks" oder auch „Key Development Accounts"**
  Einer hohen Attraktivität dieser Kunden steht eine schwache eigene Geschäftsposition beim Kunden gegenüber. Sehr häufig wird dieser Quadrant missverstanden. Immer wieder erlebe ich es in Beratungsprojekten, dass Unternehmen Kunden in diesem Quadranten automatisch als Key Account klassifizieren, die es zu entwickeln gilt. Einige bezeichnen sie sogar als „Babys". Der Bereich heißt jedoch nicht umsonst Fragezeichen! Es gilt, diese Kunden noch einmal im Detail anzusehen und festzulegen, ob diese wirklich das Potenzial zu einem wirklichen Key Account haben und dorthin entwickelt werden können. In diesem Fall handelt es sich um einen *„Key Development Account"* oder auch *„Target Key Account "*. Für diese Kunden müssen eine Kundenentwicklungsstrategie erarbeitet und entsprechende Ressourcen bereitgestellt werden. Im „Negativfall" wird so ein Kunde in dem Quadranten einfach verbleiben. Bei Anfragen bekommt er ein gutes Angebot (nicht mehr und nicht weniger).

Die oben beschriebene BCG-Matrix hat einen sehr großen Vorteil. Man kann sein Kundenportfolio sehr gut visualisieren und auf einen Blick erkennen, ob das eigene Portfolio auch ausgewogen ist. Das heißt, Sie haben Kunden in jedem der vier Quadranten. Hätten Sie keine „Question marks" oder „Target Accounts" könnte dies ein Indiz sein, dass Ihr Geschäftsmodell zukünftig eher gefährdet ist. Haben Sie hauptsächlich Kunden im „Cash cow"-Bereich sieht es mit der Zukunft nicht viel besser aus!

Die Matrix hat allerdings in der Anwendung im Key Account Management einen kleinen Nachteil. Am Ende werden Sie in Ihrer Matrix vielleicht 20, 50, 100 oder gar 200 Kunden haben. Jetzt wird es ziemlich schwer, diese Kunden in eine Reihenfolge zu bringen. Genau diese Arbeit nimmt Ihnen die Scoring-Liste ab.

Beispiel: In der Matrix finden Sie zwei Kunden.

- Kunde 1:
  X-Achse 55 %; Y-Achse 52 %
  (also im „Question mark"-Bereich)

- Kunde 2:
  X-Achse 51 %; Y-Achse 43 %
  (also im „Cash cow"-Bereich)

Wenn Sie nur einen der beiden Kunden als Key Account identifizieren dürften, welchen würden Sie nehmen?

Jetzt kommt die Scoring-Liste zum Einsatz. Beide Ergebnisse der Achsen werden addiert und durch zwei dividiert. Somit ergibt sich eine Gesamtattraktivität.

Kunde	Eigene Position beim Kunden heute	Kundenattraktivität	Gesamtbewertung
Kunde 1	55 %	52 %	53,5 %
Kunde 2	51 %	43 %	47,0 %

Laut Scoring-Liste ist also der Kunde 1 zu präferieren. Die endgültige Entscheidung bleibt aber bei Ihnen. Die Werkzeuge können immer nur eine möglichst objektive Entscheidungsvorlage bieten.

Eine systematische Bewertung und Auswahl der Key Accounts durchläuft in der Praxis folgende sechs Schritte.

- Schritt 1: Auswahlkriterien festlegen
- Schritt 2: diese Auswahlkriterien gewichten
- Schritt 3: Bewertungsbereiche festlegen
- Schritt 4: potenzielle Key Accounts bewerten
- Schritt 5: Ergebnisdarstellung mittels BCG oder Scoring
- Schritt 6: Key Accounts final auswählen

Schritt 1: Auswahlkriterien festlegen

Dazu nehmen wir beispielhaft die Kriterien, die bereits oben ausgewählt wurden.

Geschäftsposition heute:

- Kriterium 1: Umsatz 2023
- Kriterium 2: Lieferanteil/Share of wallet 2023

Kundenattraktivität:

- Kriterium 3: adressierbares zusätzliches Umsatzpotenzial 2024 bis 2026 (Schnitt pro Jahr)
- Kriterium 4: Kunde mit zentraler Entscheidungsmacht/Vorgabe
- Kriterium 5: Für den Kunden ist unser Lösungsportfolio von strategischer Bedeutung

Schritt 2: diese Auswahlkriterien gewichten

Nicht alle Auswahlkriterien sind gleich wichtig. In dem Beispiel oben wird das Kriterium 3 gegenüber den Kriterien 4 und 5 sicherlich mehr Gewicht erhalten.

Sollten Sie am Ende Kriterien mit fünf Prozent gewichten, so stellt sich sicherlich die Frage, welchen Einfluss diese Kriterien am Ende wirklich noch auf die finale Auswahl haben. Entweder die Kriterien erhalten mehr Gewicht oder das Kriterium fliegt raus!

Schritt 3: Bewertungsbereiche festlegen

Am Ende gilt es, alle potenziellen Key Accounts systematisch zu bewerten. Dazu braucht es klare Bewertungskriterien. In der Regel wird dazu ein Bewertungsspektrum von 0 bis 4 oder 1 bis 5 verwendet. Persönlich favorisiere ich ganz klar die Skala von 0 bis 4, da Sie sonst in der BCG-Portfolio-Darstellung eine Verschiebung berücksichtigen müssten. Bei einer Minimumbewertung von 1 gibt es keinen Nullpunkt, sondern auch der „schlechteste" Kunde würde immer auf eine Minimumbewertung von 20 Prozent auf jeder Achse kommen.

In der folgenden Tabelle sehen Sie die Schritte 2 und 3 für das Beispiel zusammengefasst.

Kriterium	Gewichtung (in %)	Bewertung				
		0	1	2	3	4
Position heute						
Umsatz 2023	80	< = 1.000.000 €	> 1.000.000 €	> 5.000.000 €	> 10.000.000 €	> 15.000.000 €
Lieferanteil 2023	20	< = 5 %	> 20 %	> 40 %	> 60 %	> 80 %
Kundenattraktivität Zukunft						
Adressierbares zusätzliches Umsatzpotenzial 2024 bis 2026 (Schnitt pro Jahr)	70	< = 500.000 €	> 1.000.000 €	> 2.000.000 €	> 3.000.000 €	> 5.000.000 €
Kunde mit zentraler Entscheidungsmacht/ Vorgabe	15	Nein	–	Zentrale gibt Empfehlung, der meistens auch gefolgt wird	–	Ja. Alle Standorte müssen Zentralvorgabe folgen
Für den Kunden ist unser Lösungsportfolio von strategischer Bedeutung	15	Nein	–	–	–	Ja

Schritt 4: potenzielle Key Accounts bewerten

Jetzt werden alle Kunden, die global aufgestellt sind (Vorauswahlkriterium > 10 Länder) anhand der Kriterien bewertet.

Beispiel:

Kunde	Position heute			Kundenattraktivität Zukunft			
	Umsatz 2023	Lieferanteil 2023	Summe	Adressierbares zusätzliches Potenzial (2023 bis 2025)	Kunde mit zentraler Entscheidungsmacht	Strategische Bedeutung	Summe
Kunde A	3	2	280 (*1)	4	4	1	355 (*2)
Kunde B	1	4	160	4	2	4	370

(*1) ergibt sich aus 3 x 80 % + 2 x 20 % = 280
(*2) ergibt sich aus 4 x 70 % + 4 x 15 % + 1 x 15 % = 355

Schritt 5: Ergebnisdarstellung mittels BCG oder Scoring

In dem obigen Beispiel ergibt sich daraus folgendes Gesamtergebnis:

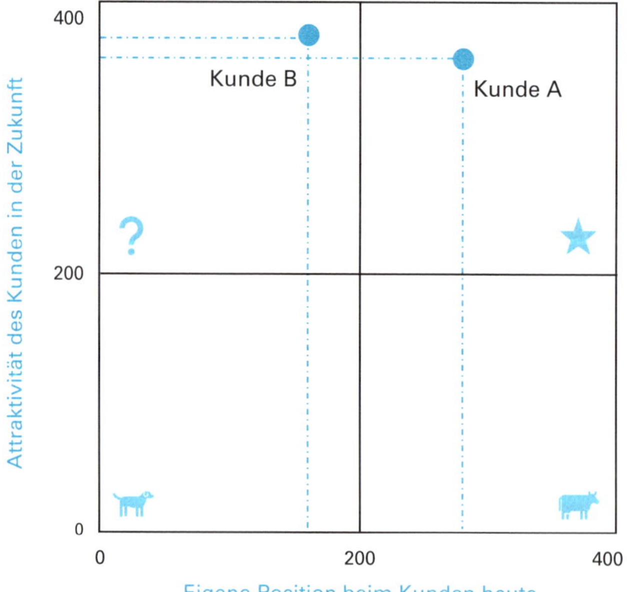

Abbildung 14: Beispiel eines BCG-Portfolios

Kunde A wäre somit ein sogenannter „Star" und ein prädestinierter Key Account. Eine gute Geschäftsbeziehung von heute trifft auf weitere Wachstumschancen! Kunde B wäre ein sogenannter „Question mark"-Kunde. Das heißt, für diesen Key Account braucht es eine klare Durchdringungsstrategie. Bei diesem Kunden könnte es aber auch sein, dass Sie sich final dafür entscheiden, den Kunden eben nicht als Key Account zu behandeln.

In der Scoring-Liste würden diese beiden Kunden zu folgendem Ergebnis führen:

Kunde	Eigene Position beim Kunden heute	Kunden-attraktivität	Gesamt-bewertung
Kunde 1	280	355	317,5
Kunde 2	160	370	265

Die Scoring-Liste hat für mich in der Praxis einen großen Vorteil. Wenn ich mit den aktuellen Ressourcen nur zehn Key Accounts bearbeiten kann, kann ich in der Scoring-Liste nach der Position 10 abschneiden. In der BCG-Matrix ist das in der Praxis nicht immer so klar und einfach.

In Projekten nutze ich immer wieder beide Ergebnispräsentationen, da die BCG mir ein Bild über die Ausgewogenheit des Key Account Portfolios gibt und die Scoring-Liste eine klare Priorisierung vorschlägt.

Schritt 6: Key Accounts final auswählen

Sehen Sie das letzte Wort des letzten Ansatzes? Es lautet „... vorschlägt ...". Die finale Entscheidung über die Key Accounts kann und darf niemals von einer Excel-Liste getroffen werden.

An dieser Stelle braucht es eine klare Zuständigkeit, wer diese Key Accounts wirklich final auswählen darf.

Beispiele:

- Nationale Key Accounts werden durch den Country Manager ausgewählt (Verantwortung in der Landesgesellschaft)
- Globale Key Accounts werden durch den Head of Global KAM und der Geschäftsführung ausgewählt (Verantwortung in der Firmenzentrale)

Praxisbeispiel

In einem Unternehmen führt der Head of Global KAM einmal im Jahr eine Bewertung der Kunden durch. Unterstützt wird er dabei durch die Landesorganisation. Anschließend unterbreitet er einem Gremium, das aus der Geschäftsführung aber auch weiteren wichtigen Führungskräften besteht, einen Vorschlag für die Liste der Key Accounts. Dieses Gremium entscheidet gemeinsam über die Key Accounts. So stellt der Leiter Global KAM von vornherein sicher, dass er die Unterstützung der Geschäftsführung und der anderen (für ihn wichtigen) Führungskräfte hat!

Erfolgsfaktor: weniger Key Accounts = mehr Erfolg!?

Die Anzahl der Key Accounts führt immer zu hochemotionalen Diskussionen. An dieser Stelle gilt es, wieder bewusst zwischen KAM als reinen Vertriebsansatz und KAM als ganzheitlichen Unternehmensansatz zu unterscheiden.

Wenn Sie Key Account Management als reinen Vertriebsansatz umsetzen, gibt es für mich KEINE Grenze. Warum sollen wir nicht auch mehrere hundert sogenannte Key Accounts im Unternehmen festgelegt haben? Wer sagt denn, dass das falsch ist? Für die Bearbeitung auf der Key Account Manager Ebene macht es später durchaus Sinn, zwischen proaktiv zu bearbeitenden Fokus Key Accounts und den restlichen reaktiv zu bearbeitenden Key Accounts zu differenzieren. Kein Key Account Manager kann 30, 40, 50 Key Accounts mit Tiefgang proaktiv bearbeiten. Denken Sie hier nur an den „Quick and dirty“-Selektionsansatz von oben. Ein namhaftes Unternehmen aus dem C-Teile-Management-Bereich lebt das genauso und ist damit sehr erfolgreich!

Wenn Sie allerdings Key Account Management als ganzheitlichen Unternehmensansatz umsetzen wollen oder auch eine Ausrichtung auf gemeinsames Entwicklungspartnerschaften haben, dann muss die Anzahl der Key Accounts radikal klein sein. Kein Produktmanagement, keine Logistik, keine Serviceabteilung kann eine Extrameile für 800 Kunden gehen.

Praxisbeispiel

Ein Unternehmen aus dem Dienstleistungsbereich wollte ursprünglich mit 50 Key Accounts starten. Nach langen Diskussionen ließ sich der Vorstand überzeugen, dass Fokus ein kritischer Erfolgsfaktor im KAM ist. Ergebnis: Es wurden nur 15 Key Accounts ausgewählt. Mit diesen Key Accounts ist das Unternehmen in den folgenden drei Jahren doppelt so stark gewachsen wie mit allen anderen Kunden! Fokus zahlte sich hier klar in Euros aus!

Praxisbeispiel

Ein Anbieter von Reinigungslösungen hatte in der Vergangenheit über 200 globale Key Accounts. Durch ein gemeinsames Projekt wurde die Anzahl der internationalen und globalen Key Accounts auf maximal 30 reduziert. Heute ist das Unternehmen in der Lage, diese Key Accounts wirklich aus allen Abteilungen heraus anders zu bedienen!

Erfolgsfaktor: Key Accounts sind selten für ewig auf der Liste!

Ein Newsletter der SAMA[1] wurde mit dem Titel beschrieben: *Wann haben Sie das letzte Mal einen Kunden von der Key Account-Liste gestrichen?* Ein Aspekt, den nur ganz wenige Unternehmen aktiv angehen!

In fast allen Projekten erlebe ich dieselbe Situation. Jedes Jahr kommen neue Kunden auf die Key Account-Liste und die Anzahl der Key Accounts wird so von Jahr zu Jahr immer größer. Märkte und Kunden ändern sich und manchmal muss man sich nach Jahren auch eingestehen, dass ein Key Account nicht so entwickelt werden konnte, wie man es sich vorgestellt hat. Dann wird es höchste Zeit Unternehmen von der Liste zu streichen.

Praxisbeispiel

Über Jahre wurde ein Kunde als internationaler Key Account behandelt. Mit dem Kunden wurde ein Rahmenvertrag mit Bonusvereinbarung umgesetzt. Das Ergebnis: Der Umsatz dümpelte über Jahre hinweg bei 300.000 Euro.

Die Konsequenz aus der Überprüfung der Key Account-Liste: Der Kunde wird von der Liste genommen, der Rahmenvertrag gekündigt und die Standorte des Kunden international vom Flächenvertrieb bedient. Das Ergebnis: Zwei Jahre später belief sich der Umsatz auf 450.000 Euro und das auch noch ohne zentrale Bonusvereinbarung!

Erfolgsfaktor: Sie brauchen einen Prozess und klare Verantwortlichkeiten

In der Praxis nehme ich immer wieder zwei sehr dominante Fälle wahr:

1. Die Key Accounts wurden irgendwann zu Beginn der KAM-Einführung festgelegt und dann nie wieder überprüft.

---

1 SAMA = Strategic Account Management Association

2. Keiner weiß genau, wer final über die Key Account-Liste entscheidet. Das geht sogar so weit, dass ich es in einigen Projekten erlebt habe, dass die Key Account Manager selbst die Key Accounts auswählen.

Unabhängig von der Key Account Auswahl kann ein guter Prozess aus meiner Sicht mit den folgenden Attributen gut beschrieben werden:

1. Ein Prozess ist wiederholbar
2. Es gibt eine Prozessbeschreibung (schriftlich)
3. Der Auswahlprozess ist transparent (allen involvierten Parteien bekannt)

In der Praxis kann diese Prozessbeschreibung sehr einfach gehalten werden.

Beispiel:

	National Key Accounts	International Key Accounts	Global Key Accounts
Auswahl-kriterien	Local Entity eines international oder global Key Accounts ODER Nationaler Kunde mit • Kunde ist an > 5 Standorten aktiv • Umsatz > 300.000 € (2023) • zusätzliches Umsatzpoten-zial > 300.000 € bis 2026	• Kunde ist in > 2 Ländern aktiv • Umsatz 2023 > 1.000.000 € • …	• Kunde ist in > 10 Ländern aktiv • Umsatz 2023 > 5.000.000 € • …
Finale Entschei-dung durch	Country Manager	Head of GKAM	Head of GKAM
Regelmäßige Überprüfung	Im Rahmen der Budgetfest-legung (Ende November)	Im Rahmen der Budgetfest-legung (Ende November)	Im Rahmen der Budgetfest-legung (Ende November)

Erfolgsfaktor: die Key Account-Liste muss auch kommuniziert werden

In meinen KAM-Trainings stelle ich den Key Account Managern häufig eine recht einfache Frage: *„Nach welchen Kriterien wurde Ihr Key Account ausgewählt und wer hat das so festgelegt?"*

Ungefähr die Hälfte der Teilnehmer hat auf diese Frage keine klare Antwort. Wie können Sie aber von anderen Abteilungen im Unternehmen erwarten, dass sie eine Extrameile für Key Account Kunden gehen, wenn diese noch nicht einmal allen Beteiligten bekannt sind? Schaffen Sie Transparenz im Führungsteam, im Key Account Management Team, wie aber auch in allen anderen beteiligten Abteilungen.

- Wer sind die Key Accounts?
- Warum wurden gerade diese Unternehmen als Key Accounts eingestuft?
- Welche Bedeutung haben diese Key Accounts für Ihr Unternehmen und was würde passieren, wenn diese Kunden morgen nicht mehr bei Ihnen kaufen würden?
- …

Next Level KAM-Ideen

- Verschlanken Sie Ihre Liste der Auswahlkriterien nach dem KISS-Prinzip.
- Entwickeln Sie einen klaren Leitfaden, den Sie umsetzen, wenn Sie Key Accounts von der Liste streichen und wieder zurück in den Flächenvertrieb geben.
- Halten Sie Ihren Auswahlprozess und die Verantwortlichkeiten schriftlich fest.
- Machen Sie den Auswahlprozess transparent und kommunizieren Sie ihn im Unternehmen.
- Stellen Sie eine regelmäßige Überprüfung der Key Account-Liste sicher.

3. Das (exklusive) Leistungsportfolio für Key Accounts

Kernaussagen

- Was antworten Sie Ihrem Kunden auf die Frage. *„Was habe ich eigentlich davon, dass ich Key Account bin?"*
- Extraleistungen müssen einen Mehrwert für den Key Account darstellen. Ansonsten sind sie Geldverschwendung!

Die Key Accounts sind für das Unternehmen ausgewählt und es steht eine sehr spannende Frage im Raum:

Was machen Sie für Key Accounts anders/besonders, was Sie für die anderen Kunden nicht machen?

Was wäre Ihre spontane Antwort auf die obige Frage? In der Praxis reicht die Antwortspanne von: *„… ich wüsste nicht, was wir wirklich anders machen …"* über *„… das liegt im Ermessen des jeweiligen Key Account Managers …"* bis zu *„… wir haben einen klaren Leistungskatalog für unsere verschiedenen Kundengruppen definiert und diese sind auch allen beteiligten Abteilungen und Personen bekannt …"*. Ich finde es immer wieder erstaunlich, wie wenige Unternehmen diese Frage klar beantwortet haben. Sehr häufig sieht die Realität immer noch so aus: Je lauter ein Kunde schreit, je mehr Leistungen bekommt er. Dabei können Sie sich viele Diskussionen in Ihrem Unternehmen ersparen, wenn Sie diese Leistungspakete klar definiert haben und somit jeder weiß, was ein Kunde bekommen kann oder eben nicht. Falls Sie sich am Ende entscheiden sollten, Ihrem Kunden seinen neuen Status mitzuteilen, so müssen Sie sich ohnehin auf die eine Frage des Kunden vorbereiten: *„Schön, dass ich Ihr Key Account Kunde bin. Doch, was habe ich davon?"*

Hier eine kleine Übersicht über besondere Leistungen für Key Accounts, die ich in der Praxis häufig vorfinde:

Klassische Extraleistungen (gilt insbesondere für KAM als Vertriebsansatz)

- **Einen zentralen Ansprechpartner (den Key Account Manager)**
  Diese erste Sonderleistung wird in vielen Programmen als selbstverständlich hingenommen beziehungsweise übersehen. Der Key Account Manager

steht dem Kunden als zentraler, standortübergreifender Ansprechpartner zur Verfügung. Der Kunde erhält damit einen „Kümmerer“, den er für alle Belange zentral kontaktieren kann und das eben unabhängig vom Standort oder sogar einem Land. Der Key Account Manager kennt die Abläufe, Prozesse und Anforderungen des Key Accounts und kann damit den Kunden ein Stück weit intern im eigenen Unternehmen „vertreten“. Am Ende können so gute Lösungen und Ansätze auch von einem Standort zum anderen beziehungsweise von einem Land in ein anderes multipliziert werden.

Haben Sie in Ihrem Unternehmen klar herausgearbeitet, welchen Mehrwert allein der Key Account Manager einem Kunden bietet? Diese Übung ist sehr spannend, weil sie einen direkten Bezug zum Selbstverständnis und den Aufgaben eines Key Account Managers hat. Ich kann den folgenden Fall nicht verifizieren, aber ich habe schon einige Male davon gehört: Ein großer Anbieter von Hygieneartikeln in den USA wird inmitten einer Verhandlung mit Walmart mit folgender Aussage überrascht: *„Ihre Produkte und Lösungen kennen wir genau. Wir schlagen vor, dass Sie die Key Account Manager entlassen und die Produkte fünf Prozent günstiger machen!“* Was für eine (unverschämte) Aussage, oder? Im Kern verbirgt sich dahinter aber eine entscheidende Frage: Welchen Mehrwert bietet allein der Key Account Manager und ist dieser Mehrwert dem Kunden auch bekannt?

- **Teilweise feste Ansprechpartner im Innendienst**
  Jeder von uns kennt diese Situation: Sie haben ein Problem und in Summe rufen Sie dazu fünfmal beim Lieferanten an. Jedes Mal bekommen Sie eine andere Person an den Hörer, jedes Mal müssen Sie Ihr Anliegen von vorn erklären, jedes Mal wird Ihr Frust größer! Wäre es nicht klasse, Sie kämen immer bei derselben Person im Innendienst/Backoffice raus? Genau diese Extraleistung erbringen viele Lieferanten für Ihre Key Accounts. Für viele Kunden ist das ein echter Mehrwert im täglichen Geschäft.

Viele Innendienstmitarbeiter sprechen immer wieder mit denselben Personen beim Key Account. Sorgen Sie dafür, dass sich die Teammitglieder aus dem Innendienst auch immer mal wieder mit ihrem Ansprechpartner beim Key Account persönlich treffen. Das fördert die Beziehung und damit das Vertrauen zwischen diesen Personen, und die Kollegen aus dem Backoffice fühlen sich wertgeschätzt, wenn Sie auch einmal mit zum Kunden dürfen!

- **Rahmenverträge mit Bonusvereinbarung**
  In der Praxis ist der Punkt der Rahmenverträge mit Key Accounts extrem wichtig. Spannend wird es allerdings bei den Details.

1. Die Basis bildet ein internationaler Rahmenvertrag. Das ist nicht sonderlich schwer und schon selbstverständlich.
2. Der Rahmenvertrag beinhaltet eine Bonusvereinbarung mit dem Kunden. Wenn gewisse Umsatz- oder Wachstumsziele erreicht werden, wird eine Rückvergütung an den Kunden fällig.

Praxisbeispiel

Ein Anbieter hat mit seinem Key Account einen Bonus/eine Rückvergütung vereinbart. Im Laufe der Jahre ist dieser Bonus sehr groß geworden und der Anbieter muss den Bonus reduzieren. Im Laufe der Verhandlungen stellt sich heraus, dass für den Zentraleinkauf ein echter Mehrwert darin bestehen würde, wenn der Lieferant diesen Bonus direkt auf Projekte und Landesorganisationen des Key Accounts aufteilen könnte. In diesem Fall musste nämlich bisher der Zentraleinkäufer den Bonus mühselig auf die Landesorganisationen und Projekte händisch aufteilen, was mit sehr viel Aufwand verbunden war. Kurzum: Der Zentraleinkauf stimmte der Kürzung des Bonus zu, da der Lieferant diese Verteilaufgabe übernahm. Ein schönes Beispiel dafür, dass wir die Prozesse und Anforderungen der Key Accounts wirklich kennen müssen, um einen echten Mehrwert bieten zu können.

3. Kunden wünschen sich sehr häufig einen definierten **Core Range an Produkten und Lösungen.** Das heißt, die Standorte eines Key Accounts können in allen Ländern, Standorten und Niederlassungen auf einen vordefinierten Satz an (maßgeschneiderten) Lösungen zurückgreifen.
4. Alle Artikelnummern sind international identisch. Bevor Sie jetzt über diesen Punkt lachen, überprüfen Sie mal, ob Ihr Unternehmen das anbieten könnte. In der Praxis sehe ich, dass acht von zehn Unternehmen das nicht leisten können!

- **Besondere Auswertungen**
  Auch dieser Service ist für viele so selbstverständlich. Sie bieten dem Key Account regelmäßig Auswertungen auf internationaler Ebene an. *Beispiel:* Umsatzentwicklungen pro Land, abgerufene Produkte oder Serviceleistungen pro Land. Diese Auswertungen sind für den Zentraleinkauf durchaus sehr wichtig, aber nicht jedes Key Account Unternehmen ist auch so aufgestellt, dass es diese Reports aus den eigenen Systemen ableiten kann.
- **Besondere Kalkulationen**
  Hier bieten Sie dem Key Account verschiedenen Berechnungen an. Zum Beispiel erstellen Sie eine TCO-Kalkulation (TCO = Total Cost of Ownership), um dem Key Account aufzuzeigen, welche Einsparungen er „unterm Strich“ durch die Zusammenarbeit mit Ihnen erzielen konnte. Dazu gehö-

ren dann heute auch Berechnungen über Prozesszeiteneinsparungen oder auch die Reduktion von CO_2.

- **Kundenindividuelle Zufriedenheitsbefragungen**
  NPS-Auswertungen (NPS = Net Promotor Score) sind heute Standard. Auch Kundenzufriedenheitsbefragungen gehören schon lange zum Standardbaukasten in der Kundenkommunikation. Allerdings werden diese Zufriedenheitsbefragungen meist für einen ganzen Markt, eine Branche, aber zumindest eben kundenübergreifend durchgeführt. Da die Key Accounts einen besonderen Stellenwert, aber auch sehr häufig besondere Anforderungen haben, macht es hier durchaus Sinn, eine Zufriedenheitsbefragung individuell für ausgewählte Key Accounts durchzuführen. Nur so können dann auch individuelle Konsequenzen bezogen auf die Zusammenarbeit mit diesem einen Key Account gezogen werden.

Extraleistungen, wenn KAM als Unternehmensansatz gelebt wird

Hier noch ein paar typische Sonderleistungen, zu deren Erbringung Sie allerdings auch andere Abteilungen in Ihrem Unternehmen benötigen. Das heißt, diese Beispiele greifen meist nur dann, wenn Sie Key Account Management als ganzheitlichen Unternehmensansatz umsetzen.

- **Bevorzugung bei Lieferengpässen**
  Für mich ist diese Leistung eigentlich DIE typische Leistung im Key Account Management. Drei Kunden bestellen gleichzeitig den letzten auf Lager liegenden Artikel. Drei Kunden brauchen zeitgleich einen Servicemitarbeiter. Drei Kunden brauchen gleichzeitig ein Angebot.
  Was machen Sie jetzt? Wer wird bevorzugt? Alle glücklich machen, wird nicht funktionieren?
  - Bevorzugen Sie denjenigen, der am lautesten schreit?
  - Bevorzugen Sie niemanden und es gilt „first in – first out“? Also die erste Anfrage wird auch zuerst bedient?
  - Bevorzugen Sie denjenigen Kunden, der die besten Kontakte zum Topmanagement hat?

Wenn Key Accounts wirklich etwas Besonderes sind, sollten Sie bei Engpässen auch eine bevorzugte Behandlung genießen!

- **Bessere SLA (Service Level Agreements)**
  Im B2B sind Service-Level-Agreements durchaus Standard. Damit regeln Sie, in welcher Zeit welche Leistungen erbracht werden. Auch hier greift das Key Account Management und sollte zu klaren Regeln führen. Zum Beispiel erhält ein Key Account Ersatzteile innerhalb von x Stunden (maximal) weltweit. Oder ein Servicetechniker ist innerhalb von maximal x Stunden vor Ort (weltweit).

- **Feste Ansprechpartner im Customer Service oder Customer Care Team**
  Jetzt kommen wir zu meinem Lieblingsfall, den festen Ansprechpartnern für die Key Accounts im Customer Service oder Customer Care Team. Weiter vorn hatten wir ja schon die festen Ansprechpartner im Innendienst. Da waren wir allerdings noch innerhalb der Vertriebsorganisation. Hier gehen wir einen Schritt weiter und der Key Account erhält auch feste Ansprechpersonen im Service oder anderen Abteilungen. Wenn ich in Projekten nachfrage, was die Mandanten umgesetzt haben, dann berichten viele davon, dass gerade dieser – scheinbar so kleine – Punkt aus Sicht der Key Accounts einen riesigen Unterschied gemacht hat! Viele Key Accounts melden sich begeistert mit den Worten zurück *„jetzt spüren wir euren KAM-Ansatz im Tagesgeschäft!"*

- **Individuelle Produktentwicklungen/Serviceentwicklungen**
  Key Accounts haben in der Regel besondere Anforderungen, die nicht immer mit dem Standardprodukt- und Serviceportfolio eines Anbieters abgedeckt werden können. Daher werden jetzt für ausgewählte Key Accounts individuelle Anpassungen an den Produkten, Lösungen, dem Logistikkonzept oder auch anderen Serviceleistungen vorgenommen. Was sich so einfach anhört, stellt für viele Unternehmen auch gleichzeitig eine große Herausforderung dar. Die zunehmenden Produkt- und Servicevarianten bringen eine immer höhere Komplexität mit sich. Immer mehr Varianten müssen gemanagt werden.

- **Produktinnovationsworkshops und Einbeziehung in die Produktentwicklung**
  Ich glaube tief und fest daran, dass gerade die Key Accounts mit ihren besonderen Anforderungen eine hervorragende Quelle sind, um die eigenen Produkte und Serviceleistungen kontinuierlich weiterzuentwickeln oder sogar neue innovative Lösungen zu entwickeln. Damit einher geht die Sonderleistung, dass Sie Key Accounts exklusiv zu Innovationsworkshops einladen oder sogar noch intensiver in die eigenen Produktentwicklungen (zum Beispiel über Prototyping-Projekte) einbinden.

- **Gemeinsame Entwicklungsprojekte und eine exklusive Vermarktung**
  Wenn Sie über echte strategische Partnerschaften sprechen, dann kann der vorherige Punkt sogar noch getoppt werden. Gemeinsam mit dem Key Account werden neue Produkte- und Serviceleistungen entwickelt und gegebenenfalls auch gemeinsam vermarktet. Damit einher geht dann sehr häufig auch eine (zeitliche) Exklusivität.

- **Teilnahme an exklusiven Customer Focus Groups**
  Einige Unternehmen haben Customer Focus Groups ins Leben gerufen. In regelmäßigen Abständen treffen sich hier zum Beispiel ausgewählte Kunden, um gemeinsam an Fragestellungen zu arbeiten, sich auszutauschen und sich mit Ihren Anforderungen in das Produkt- und Serviceangebot des Lieferanten einzubringen.

Hier noch ein wichtiger Tipp aus der Praxis: Wählen Sie die Extraleistungen pro Key Account bewusst aus. Nur weil ein Kunde den Key Account Status hat, müssen nicht alle Extraleistungen (kostenfrei) automatisch angeboten und umgesetzt werden. Die Leistungen müssen für den Key Account einen Mehrwert darstellen und am Ende auch dazu dienen, dass Sie das Geschäft mit dem Kunden absichern beziehungsweise ausbauen können!

Haben Sie in Ihrem Unternehmen eine ABC-Kundenklassifizierung durchgeführt? Bestimmt, oder? Haben Sie aus dieser Klassifizierung auch Konsequenzen für die Behandlung der Kunden jenseits vom Vertrieb gezogen?

Hier eine einfache Darstellung, um die Leistungen pro Kundengruppe klar festzulegen:

Leistung	Key Account	A-Kunde	B-Kunde	C-Kunde
Bevorzugung bei Lieferengpässen	Ja	Ja	–	–
Austausch defekter Teile innerhalb 24 Std.	Ja	Ja	Gegen Bezahlung	Gegen Bezahlung
Innovationsworkshops	Ja	–	–	–
Produktmuster	Ja	Ja	Ja	Ja
Internationaler Ansprechpartner (KAM)	Ja	–	–	–

Mit diesem Schritt fangen Sie an, Ihre Key Accounts wirklich systematisch anders zu bedienen als andere Kunden! Aus einem Gießkannenansatz wird so zunehmend ein zielgerichteter Einsatz der Unternehmensressourcen.

Achten Sie insbesondere auf Ihre Serviceleistungen. Viele Unternehmen nehmen viele ihrer Serviceleistungen gar nicht selbst als wertig wahr.

Beispiel: Sie erhalten am Freitagnachmittag einen Anruf vom Kunden. Er benötigt dringend eine Kleinlieferung bis Montagmorgen. Viele Unternehmen versenden jetzt diese Nachlieferung einfach so per Express, ohne die Extrafrachtkosten in Rechnung zu stellen. Andere hingegen legen zumindest eine Rechnung über die Frachtkosten bei, teilen dem Kunden aber mit, dass er dieses nicht zu zahlen braucht, da er ein Key Account Kunde ist. Wiederum andere berechnen einfach die Extrafrachtkosten und erhalten auch noch Geld dafür. Die selbst von den eigenen Mitarbeitern wahrgenommene Wertigkeit der Leistung steigt bei diesen drei Fällen nach hinten an.

Noch ein Tipp aus der Praxis: Das Schnüren von klar definierten Leistungspaketen kann Ihnen auch bei der Verhandlung mit Ihren Kunden helfen. Wenn Sie die Leistungspakete mit einer klaren Erwartung von Gegenleistungen (zum Beispiel Abnahmevolumen) Ihres Kunden koppeln, können Sie sehr transparent verhandeln. *„Da sich das Volumen in den letzten zwölf Monaten um 20 Prozent gesteigert hat, kann ich Ihnen für das anstehende Jahr ein anderes, besseres Leistungspaket anbieten. Dieses besteht aus …"*

Next Level KAM-Ideen

- Erarbeiten Sie im KAM, welchen Mehrwert der KAM-Ansatz und die Position des Key Account Managers dem Kunden bietet.
- Erarbeiten Sie mit anderen Abteilungen, welche Extraleistungen für Key Accounts relevant sind und am Ende vielleicht auch exklusiv umgesetzt werden sollen.
- Machen Sie diese Extraleistungen in den Abteilungen transparent.
- Die Leistungspaket für Key Accounts sowie A-, B-, C-Kunden sind auch in den IT-Systemen klar hinterlegt.
- Die Leistungspakete für Key Accounts wurden nicht nur national, sondern auch international definiert und umgesetzt.
- Es gibt einen Leistungskatalog, der auch in strategischen Jahresgesprächen mit den Key Accounts genutzt werden kann.

4. Die KAM-Organisation und Key Account Teams

Kernaussagen

- Jede Organisationsform hat spezifische Vor- und Nachteile. Daher sind klare Spielregeln und Verantwortlichkeiten wichtiger als die Frage der Organisation.
- Es gibt sechs fundamentale Organisationsformen im Key Account Management (von der Einsteigerversion bis hin zur perfekten, abgeschlossenen KAM-Organisation).
- Im KAM sprechen wir heute über ein Kernteam (Core Team) und agile Ad-hoc-Teams, die projektbezogen aufgesetzt werden.
- Beim Senior Management Sponsorship gibt es eine feste „Patenschaft" von Personen aus dem Topmanagement für ausgewählte Key Accounts.

Dieses Kapitel befasst sich mit drei wichtigen Fragestellungen rund um die Themen KAM-Organisation und Key Account Teams:

1. Wie soll das Key Account Management in die eigene *Unternehmensorganisation* eingebettet werden?
2. Was versteht man unter *Key Account Teams* und wie sollten diese zusammengesetzt werden?
3. Was versteht man unter *Topmanagement-Sponsoring* und wie kann es das KAM unterstützen?

Die organisatorische Einbettung von Key Account Management ist wichtig, wird aber meiner Überzeugung nach teilweise zu wichtig genommen. Am Ende könnten Sie die KAM-Organisation alle zwei bis drei Jahre drehen und nie würde sie zu 100 Prozent passen! Kurzum: Jede Organisationsform hat ihre spezifischen Vor- und Nachteile, Eigenarten und Schwächen. Es wird entsprechend auch immer wieder Mitarbeiter geben, die sich destruktiv und negativ über die aktuelle Organisationsform äußern. Mit diesem Fakt müssen Sie, wie bei jeder anderen Organisationsentwicklung auch, leben. Am Ende kommt es darauf an, möglichst viele der involvierten Mitarbeiter und Bereiche von der Notwendigkeit und der Idee vom Key Account Management zu begeistern und zu überzeugen. Nicht die Organisation steht im Mittelpunkt, sondern der Key Account und die erfolgreiche Zusammenarbeit im Team auf Basis gleicher Ziele.

Wichtiger als die Organisationsform sind klare Verantwortlichkeiten und gemeinsame Ziele der involvierten Mitarbeiter bezogen auf die einzelnen Key Accounts.

Wenn Sie diese beiden Punkte konsequent umsetzen, spielt die Organisationsform eine untergeordnete Rolle. Oder anders ausgedrückt, auch die scheinbar beste Organisationsform wird ohne diese beiden Punkte nicht erfolgreich sein!

Bitte beachten Sie, dass die Einführung von Key Account Management fast immer mit einem Machtverlust von bestehenden Funktionen beziehungsweise etablierten Personen verbunden ist. Binden Sie diese Menschen möglichst früh in die Organisationsentwicklung mit ein.

Im Folgenden finden Sie eine kurze Beschreibung von sechs unterschiedlichen, aber in der Praxis sehr häufig vorkommenden Formen der KAM-Organisation.

Modell 1 – das Einsteigermodell: KAM als Teilzeitjob

Ausgangslage:

- Ein Start-up beziehungsweise ein kleineres mittelständisches Unternehmen hat sehr wenige ausgewählte Kunden, die für das Unternehmen wichtig sind. Für diese besonderen Kunden braucht es eine andere Art der Bearbeitung.
- Für einen eigenständigen Key Account Manager fehlt das Budget.

Implementierung:

In diesem Fall wird ein *funktionelles* Key Account Management-Programm implementiert. Bei einem funktionellen KAM übernehmen einzelne Verkäufer und/oder Führungskräfte auch die Rolle des Key Account Managers. KAM wird damit als Teilzeitjob umgesetzt.

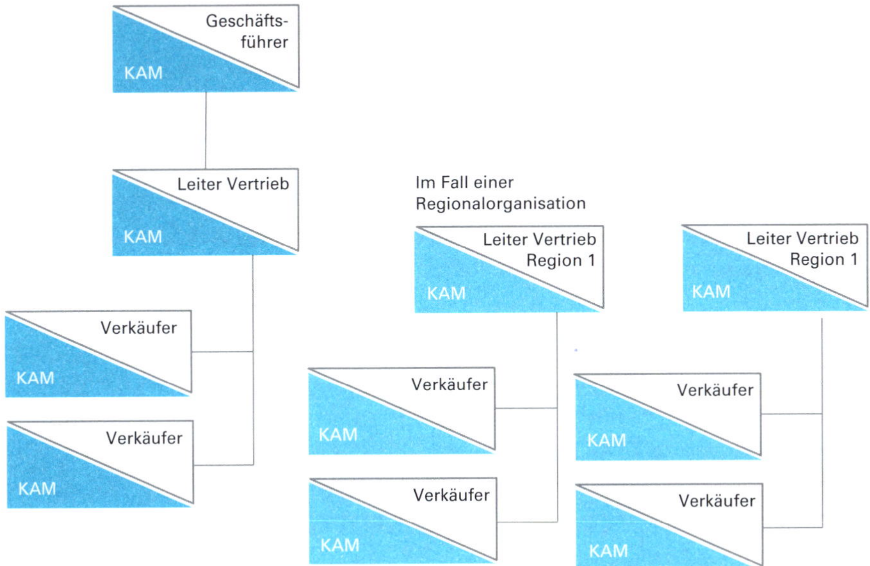

Abbildung 15: Key Account Manager als Teilzeitposition

Vorteile:

- Dieses Modell können Sie auch in einem sehr kleinen Unternehmen umsetzen. Im Extremfall gibt es nur einen Verantwortlichen für den Vertrieb, der Key Account Manager, Neukundengewinner und Vertriebsstratege in einer Person ist.
- Das Modell eignet sich besonders zur „schnellen" Einführung einer Key Account Management Organisation, ohne neues Personal einstellen zu müssen.
- Es gibt keine Kommunikationsverluste zwischen dem Flächenvertrieb und der Key Account Management Funktion.

Nachteile:

- Es besteht die große Gefahr, dass die Doppelfunktion des Vertriebsleiters zu einer Überlastung führt. Der Vertriebsleiter hat drei Hüte auf (Key Account Manager, Vertriebsleiter, Führungskraft). Am Ende wird sich jeder etwas mehr um die Rolle kümmern, die er „lieber" ausführt, und damit werden mindestens zwei Rollen nur halbherzig und mit halber Energie umgesetzt.
- Verkäufer haben in diesem Modell häufig ein bis drei Key Accounts und 200 „normale" Kunden. Das operative Tagesgeschäft der 200 Kunden raubt einfach zu viel Zeit, sodass die Key Accounts häufig vernachlässigt werden.

- Gute Verkäufer müssen noch lange nicht gute Key Account Manager sein. Hier wird häufig die „eierlegende Wollmilchsau" gesucht, die es in der Praxis nicht gibt!
- Es kann auch immer wieder zu Ressourcenproblemen führen, weil ein Verkäufer und sein Vertriebsleiter (hier als Key Account Manager) dieselben Ressourcen für ihren Kunden benötigen. Tendenziell wird die Führungskraft sich besser durchsetzen können und mehr Ressourcen bekommen. Der Verkäufer und sein Kunde haben das Nachsehen.

Fazit: Dieses Modell wird – teilweise unbewusst – gerade von kleineren Unternehmen gelebt. Sehr häufig kümmert sich in diesen Fällen der Inhaber oder Geschäftsführer auch noch persönlich um die wichtigsten Kunden. Soll KAM in einem kleineren Unternehmen (mit limitierten Ressourcen) eingeführt werden, kommen Sie um dieses Modell meist nicht herum. Beachten Sie aber unbedingt die Grenzen von diesem Modell, die in der maximalen Anzahl der Key Account Manager sowie aber auch insbesondere in der Problematik der mehrfachen Rollenbesetzung liegen.

Modell 2 – jetzt wird es professionell: KAM wird eigenständig

Ausgangslage:

- Die „Betreuung" von Kunden, die mehr als einen Standort haben beziehungsweise national aufgestellt sind, kann durch den klassischen, regionalen Vertriebsansatz nicht mehr richtig gewährleistet werden. Diese Kunden wünschen sich einen überregionalen „Ansprechpartner".

Implementierung:

Bei dieser Implementierung handelt es sich um ein eigenständiges, ein *institutionelles* Key Account Management. Key Account Manager kümmern sich ausschließlich um Key Accounts. Ob der KAM Innendienst auch zu 100 Prozent zur KAM-Organisation gehört oder als Teil des vorhandenen Innendienst-Teams verbleibt, ist in der Regel lediglich eine Frage der notwendigen Ressourcen. Die „Betreuung" der einzelnen Standorte eines Kunden bleibt durchaus in der Verantwortung der Verkäufer aus dem Flächenvertrieb. Damit kommt es jetzt zu einer Implementierung von virtuellen Key Account Teams (Key Account Manager, Innendienst, Verkäufer).

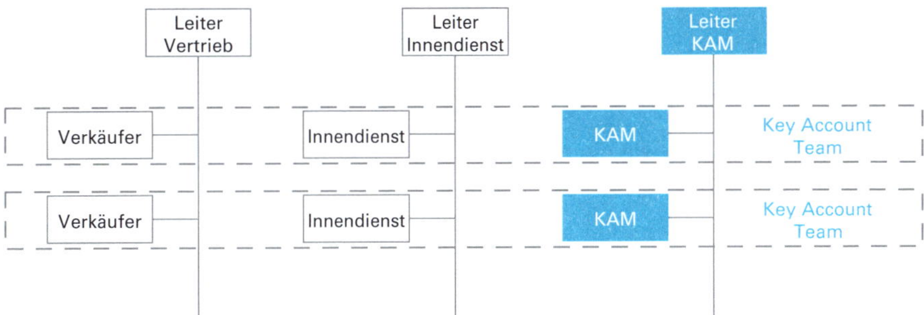

Abbildung 16: KAM als eigenständige Organisation

Vorteile:

- Die Key Account Manager konzentrieren sich zu 100 Prozent auf das Key Account Management. Diese Fokussierung macht es wesentlich leichter, das richtige Personal auch richtig zu qualifizieren.
- Die Key Accounts gehen nicht mehr so stark im operativen Tagesgeschehen der Fläche unter und bekommen die Aufmerksamkeit, die sie aufgrund ihrer Bedeutung „verdienen“.
- Da die Betreuung der einzelnen Standorte im Flächenvertrieb verbleibt, kommt es hier zu keinem Bruch der Beziehungen.

Nachteile:

- Diese Organisationsform bedeutet, dass entweder zusätzliche Mitarbeiter zur Betreuung der Key Accounts eingestellt oder bestehende Vertriebsbeauftragte mit hohem Entwicklungspotenzial in die neue Key Account Management Organisation werden wechseln müssen. Daher ist dieses Modell im Vergleich zu einer funktionellen Implementierung immer mit Mehrkosten verbunden!
- Dieses „neue“ Organisationsmodell führt auch immer zu einem gefühlten Machtverlust im Flächenvertrieb, der jetzt gefühlt Kunden abgeben muss.
- Hier wird KAM zu einem Teamansatz und damit brauchen Sie klare Spielregeln in der Zusammenarbeit und abgestimmte Ziele von Flächenvertrieb, Key Account Manager und Innendienst. Sind diese Ziele nicht aufeinander abgestimmt, verderben viele Köche auch schnell den Brei!

Fazit: Diese Implementierung eignet sich insbesondere für mittelständische Unternehmen, die ein regionales oder auch nationales Key Account Management implementieren wollen. Bitte vergessen Sie nicht, dass Verkäufer und Key Account Manager unterschiedliche Fähigkeiten und Kompetenzen benötigen. Machen Sie also nicht Ihre Spitzenverkäufer einfach zu (schlechten) Key Account Managern. Bei der Einführung ist ein echtes Change Management gefordert, um die Mitarbeiter aus dem Flächenvertrieb aktiv mitzunehmen. Ein abgestimmtes Zielsystem wird zum kritischen Erfolgsfaktor, um als EIN Team gegenüber dem Kunden aufzutreten.

Modell 3 – der Klassiker: globales KAM

Ausgangslage:

- Die Key Accounts sind international/global aufgestellt und somit braucht es auch einen globalen KAM-Ansatz.

Implementierung:

Es wird ein *Head of Global Key Account Management* implementiert, der die Gesamtgeschäftsverantwortung für die ausgewählten Global Key Accounts trägt. Nationale Key Accounts bleiben in der Regel in der Verantwortung der nationalen Organisationen. Da die Global Key Account Manager durchaus ihren Sitz auch in dem Land haben, in dem sich die Firmenzentrale des Key Accounts befindet, sind nicht alle Global Key Account Manager notwendigerweise auch disziplinarisch dem Head of Global KAM unterstellt.

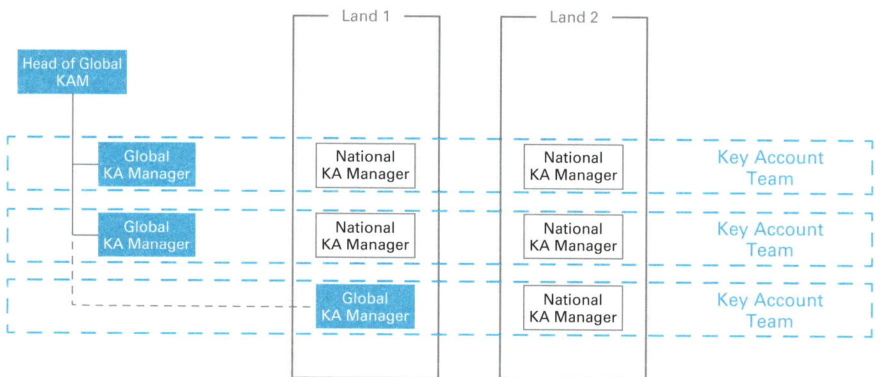

Abbildung 17: Global Key Account Management -Organisation

Vorteile:

- Der Key Account Manager sitzt in dem Land, in dem der Key Account seinen größten Standort oder seine Firmenzentrale hat, er spricht somit meist die Sprache des Kunden und er kennt die Anforderungen vor Ort sehr gut.
- Der Key Account Manager, der in der Region oder im dem Land mit dem größten Umsatz beheimatet ist, wird in dieser Region das Geschäft mit dem Key Account auch immer stark im Blick haben und entwickeln wollen.

Nachteile:

- In der Regel sitzt der Global Key Account Manager in der Region, in welcher der Key Account seine Firmenzentrale hat. Heute haben viele Kunden jedoch Lead Buyer Strukturen eingeführt, bei der Entscheidungen nicht mehr in der Firmenzentrale getroffen werden. Wie stellen Sie sicher, dass ein Ansprechpartner aus einer anderen Region Sie genug unterstützt, um mit dem Lead Buyer vor Ort Rahmenverträge auszuhandeln, auch wenn in dieser Region vielleicht gar nicht so viel Geschäft generiert werden kann?
- Der „Leiter Global KAM" bleibt zum Teil eine Führungskraft ohne disziplinarische Verantwortung. Was ist genau seine Rolle und welche Mitsprachen braucht er zum Beispiel, wenn es um die Einstellung von Key Account Managern vor Ort geht?

Fazit: Aus meiner Sicht wird dieses Modell das Grundmodell der Zukunft sein, da Kunden/Key Accounts heute in der Regel global aufgestellt sind. Die globale Zusammenarbeit macht aber drei Dinge unabdingbar:

1. Einen regelmäßigen Informationsaustausch im Key Account Team.
2. Klare Spielregeln im Key Account Team und zwischen dem Head of Global KAM und den einzelnen Regionen.
3. Abgestimmte Ziele der mitwirkenden Mitarbeiter auf globaler Ebene, sonst „laufen" hier alle Beteiligten in ganz unterschiedliche Richtungen.

Praxisbeispiel

In der Regel werden die nationalen Key Account Manager in dem jeweiligen Land „eigenständig" und ohne Absprache mit dem Head of GKAM eingestellt. Das führt immer wieder zu Problemen in der Erwartungshaltung zwischen nationaler und globaler Organisation. Bei einem großen Fahrzeughersteller wurde eine klare Regel eingeführt: Der Head of Global KAM hat ein Mitsprache- und Vetorecht, wenn es um die Einstellung von Key Account Managern in einem Land geht, die in irgendeiner Art in global aufgestellten Key Account Teams mitwirken.

Modell 4 – gruppenübergreifend: KAM in der Holding

Ausgangslage:

- Ein Unternehmen besteht aus einer Reihe von Einzel- und Landesgesellschaften.
- Oberhalb der Einzelgesellschaften befindet sich noch eine Holdingstruktur.

- Unter den Einzelgesellschaften bestehen für einige Kunden Cross- und Up-Selling-Potenziale.
- Aufgebaut werden soll ein gruppenübergreifendes KAM. Der Fokus liegt dabei auf sogenannte *Corporate Key Accounts*, also Topkunden, zu denen aus mehr als einer Gesellschaft eine Geschäftsbeziehung besteht.

Implementierung:

Für diese gruppenübergreifenden Key Accounts wird das KAM in der Holding angesiedelt. Für Key Accounts, die nur für eine einzige Gesellschaft von Bedeutung sind, kann es ein eigenständiges KAM in der Einzelgesellschaft geben.

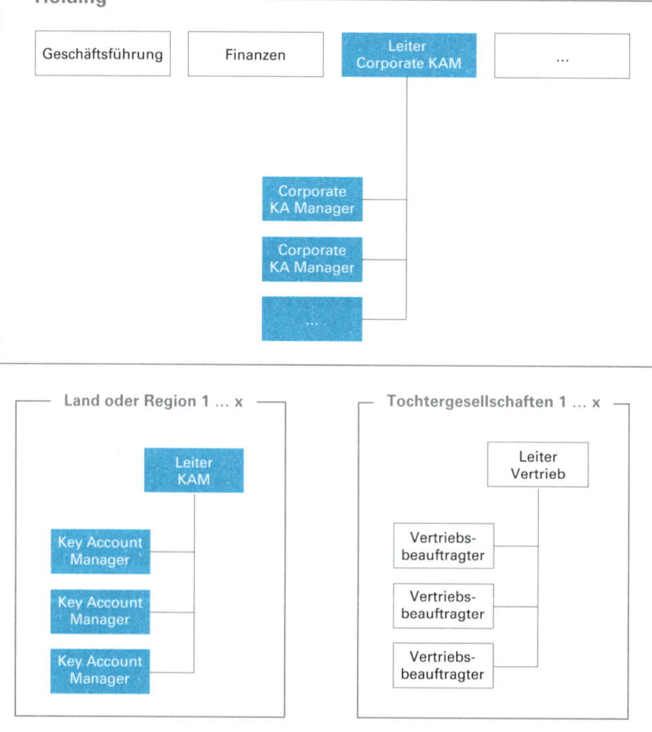

Abbildung 18: Key Account Management in einer Holding

Vorteile:

- Die Holding hat den gesamtgeschäftlichen Erfolg aller Landesorganisationen sowie Tochterunternehmen im Blick und daher sind Cross-Selling-Potenziale zwischen den einzelnen Teilorganisationen beim Key Account so am leichtesten zu identifizieren.

Nachteile:

- Verträge zwischen einem Key Account und dem Lieferanten werden selten mit der Holding gemacht. Dazu braucht es dann wieder eine der Einzelgesellschaften, die somit auch die Gesamtverantwortung für den Vertrag übernehmen muss.
- Die Key Account Manager werden sich im täglichen Leben gegen starke „Fürstentümer" innerhalb der Gesamtstruktur durchsetzen müssen.
- Divisionen werden tendenziell versuchen, die Top Key Accounts unter der eigenen Regie zu belassen, sprich die Gesamtverantwortung nicht an die Holding abzugeben. Damit werden eher die „Problemkunden" zu bevorzugten Corporate Key Accounts.

Fazit: Ich kenne viele Unternehmen, die mit diesem Modell noch effizienter Geschäftspotenziale bei den – für die gesamte Unternehmensgruppe – wichtigsten Key Accounts heben könnten. In der Regel scheitert dieses Modell allerdings an den etablierten Fürstentümern der einzelnen Gesellschaften und Landesorganisationen. Allerdings gilt es auch zu beachten, dass gerade diese lokale Autonomie viele Unternehmen erst so groß und erfolgreich gemacht hat.

Modell 5 – ganz wichtig: KAM Development & Support

Ausgangslage:

- Benötigt wird eine Funktion, die sich um die kontinuierliche Weiterentwicklung des Key Account Managements im Unternehmen kümmert. Gemeint sind damit vorrangig Themen wie:
  - Weiterentwicklung des Key Account Plans und anderen wichtigen Werkzeugen im KAM.
  - Weiterentwicklung der KAM Spielregeln und Prozesse.
  - Vorbereitung und Durchführung von Key Account Plan Reviews.
  - Kompetenzzentrum für Fragen zu internationalen Verträgen, Verhandlungsstrategien mit Key Accounts, ...

Implementierung:

Diese unterstützende Funktion wird als Stabsfunktion direkt am Leiter Key Account Management angehängt. Als Titel für diese Funktion empfehle ich Ihnen alternativ *Key Account Management Development & Support* oder *Key Account Management Excellence Team*. Diese Titel beschreiben es am besten. Ob diese Funktion durch eine Einzelperson oder durch ein Team ausgefüllt wird, hängt schlichtweg von der Größe der KAM-Organisation ab.

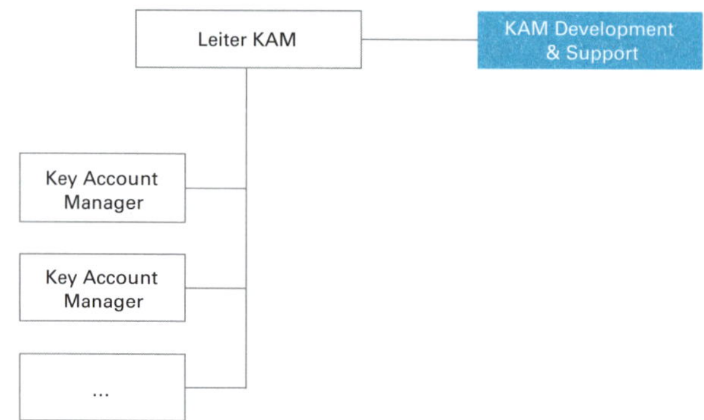

Abbildung 19: KAM Development & Support als Stabsfunktion

Vorteile:

- Eine Person beziehungsweise ein Team kümmert sich zu 100 Prozent um die kontinuierliche Weiterentwicklung des Key Account Managements und strategische Themen rund um das Thema KAM.
  Beispiel: Wer kümmert sich sonst in Ihrem Unternehmen um Fragestellungen wie *„Wie funktionieren eigentlich elektronische Vergaben (Auktionen) der Key Accounts und wie geht man strategisch am besten damit um?“*

Nachteile:

- keine

Fazit: Es gibt bereits die ersten Rückmeldungen, die klar aufzeigen, dass Unternehmen mit so einer Funktion erfolgreicher sind. Das gilt übrigens auch für den „normalen“ Vertriebsansatz im Unternehmen! Ein Leiter KAM/Vertrieb kann sich nicht nebenbei um diese Sales Excellence Themen kümmern! Aber Achtung: In der Praxis braucht es an dieser Stelle Personen, die strategisch denken können UND eine gewisse Akzeptanz bei den Key Account Managern haben.

Praxisbeispiel

Bei einem großen, international aufgestellten Personaldienstleister wurde dieses Team ins Leben gerufen.

Ergebnis:

1. Das KAM-Konzept entwickelt sich jedes Jahr spürbar weiter in Richtung Excellence im Key Account Management.
2. Die Marge bei Key Accounts hat sich nachweislich gesteigert, da Lösungskonzepte besser bei Key Accounts präsentiert werden UND Verhandlungen heute professioneller und strategischer vorbereitet und durchgeführt werden.

Modell 6 – die Vollendung? KAM als komplett eigenständige Organisation

Ausgangslage:

- Die ständigen, ineffizienten Reibungsverluste zwischen den eigenständigen Abteilungen Key Account Management, Innendienst und Flächenvertrieb kosten Zeit, Energie und am Ende auch Umsatz. Ein echter Teamgeist kommt auch nach Jahren nicht wirklich auf!

Implementierung:

Alle Mitwirkenden werden jetzt in einer Organisation zusammengefasst.

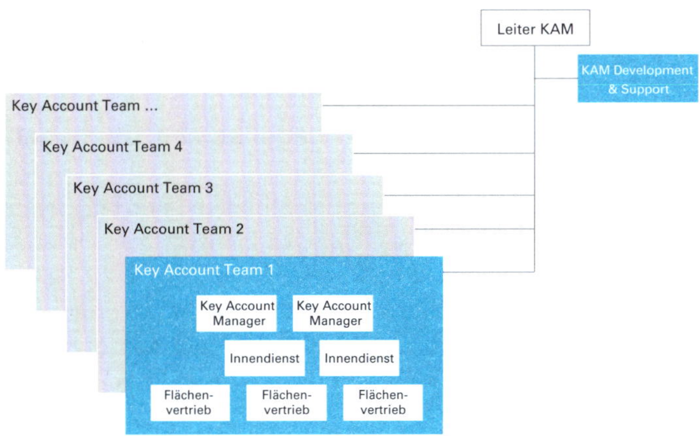

Abbildung 20: KAM als eigenständige Organisation

Vorteile:

- Ein festes Team kümmert sich um einen oder auch mehrere Key Accounts. Gegebenenfalls sitzt das Team sogar räumlich an einem Ort (Stichwort: Arbeitsinsel). Diese Konstellation führt in der Regel zu einem intensiveren Informationsaustausch im Team. Alle wissen über alles jederzeit Bescheid!
- Urlaubs- oder Krankenvertretungen sind in dieser Teamkonstellation extrem einfach und effizient umzusetzen.
- Alle im Team erhalten ein gemeinsames Teamziel und dadurch ziehen alle an einem gemeinsamen Strang!
- Für den Kunden wird der gemeinsame Teamansatz schnell spürbar sein.

Nachteile:

- Wenn Sie Key Account Management einführen, wird dadurch gefühlt eine Parallelorganisation zum bestehenden Vertrieb etabliert. Kunden beziehungsweise Kundenstandorte müssen vom Flächenvertrieb in die KAM-Organisation überführt werden. Das führt in der Regel für den Kunden zu neuen Ansprechpartnern und damit gegebenenfalls zu einem Bruch in etablierten, gut laufenden Beziehungen. Darüber hinaus wird der Flächenvertrieb versuchen, alle „guten" Kunden bei sich zu behalten und die „Problemfälle" ins KAM abzuschieben.

Fazit: Ein Modell, das gerade für ein nationales KAM mein Favorit ist. Reibungsverluste werden minimiert, das Steuern über gemeinsame Teamziele kann leicht umgesetzt werden, und die Teams leben KAM als Teamansatz (gemeinsamer Informationsstand, intensiver Informationsaustausch, gute Urlaubs- und Krankenvertretung im Team).

Wo soll der Global Key Account Manager seinen Sitz haben?

Sollte der Global Key Account Manager lieber in dem Land beheimatet sein, in dem der Kunde seine Firmenzentrale hat oder sollte er doch besser nah an der eigenen Firmenzentrale wohnen? Bedingt durch die Covid-19-Pandemie sind wir in der Zwischenzeit fast alle zu Remote Workern geworden und Microsoft Teams hat viele Präsenztermine digitalisiert. Dennoch lohnt es sich, kurz über die Standortfrage nachzudenken und die Vor- und Nachteile abzuwägen.

Hier einige Gründe, die Sie bei der Entscheidungsfindung unterstützen können:

Key Account Manager mit Sitz im Land der eigenen Firmenzentrale:

- Kann der Key Account schnell und unkompliziert erreicht werden, macht ein separates Büro in Kundennähe meist aus kaufmännischer Sicht keinen Sinn. Beispielhaft sei hier der Aktionsradius von vier Stunden mit dem Firmenwagen angegeben.
- Verantwortet der Key Account Manager mehrere Key Accounts, die räumlich nicht eng beieinander angesiedelt sind, so kann ebenfalls die eigene Firmenzentrale als neutraler Standort sinnvoll sein.
- Insbesondere bei komplexen Industriegütern braucht der Key Account Manager oft eine sehr intensive Anbindung an andere Unternehmensbereiche wie das Produktmanagement, Serviceeinheiten und so weiter. Er kann daher in der Firmenzentrale mehr für den Kunden bewegen.

Key Account Manager mit Sitz in der Nähe des Kunden:

- Liegen die eigene Firmenzentrale und die zu betreuenden Stellen auf Kundenseite räumlich zu weit auseinander, so ist schon allein aus kaufmännischer Sicht eine Ansiedlung des Key Account Managers in einem Regionalbüro oder sogar beim Kunden selbst näher zu betrachten. *Beispiel:* Ihre Firmenzentrale hat ihren Sitz in Stuttgart, während die Firmenzentrale Ihres Key Accounts sich in New York befindet.
- Aufgrund der räumlichen Nähe zum Kunden kann der Key Account Manager mehr Zeit mit dem Kunden verbringen. Idealerweise kann er auch Einrichtungen des Kunden, zum Beispiel die Kantine, mitbenutzen. Er wird wesentlich mehr „Flurfunknachrichten" mitnehmen können und näher am Kundengeschehen sein. Aufgrund der räumlichen Nähe wird er auch eher persönliche Kontakte zu Mitarbeitern auf Kundenseite aufbauen können. Er liest die Lokalpresse und kann sich auch in lokalen Vereinen einbringen. Daher kann er noch leichter eine persönliche, gemeinsame Basis mit seinen Kunden finden.

Grundregel: Der Key Account Manager sollte dort sein Büro haben, wo es den höheren Koordinationsaufwand gibt. Gerade bei komplexen Investitionsgütern kann der Key Account Manager mehr erreichen, wenn er in der eigenen Firmenzentrale sitzt.

Praxisbeispiel

In einem Projekt wurde schnell klar, dass der Key Account Manager im Land des Kunden seinen Hauptsitz haben sollte. Um die „Entfernung" (die fehlende räumliche Nähe) zur eigenen Firmenzentrale zu überwinden, wurde intern ein „Interner Key Account Manager" etabliert. Das heißt, der Key Account Manager vor Ort ist für den direkten Kundenkontakt verantwortlich, während sein Kollege in der eigenen Firmenzentrale die Belange intern „durchboxt". Der interne Key Account Manager hat die notwendigen Beziehungen und die räumliche Nähe zu Abteilungen wie dem Produktmanagement, der Logistik, Forschung & Entwicklung und anderen. Beide Key Account Manager ziehen an einem Strang, da ihre Ziele deckungsgleich sind. Je nach Arbeitsumfang kann der interne Key Account Manager dabei durchaus mehr als einen Key Account Manager vor Ort unterstützen. Dieses Modell ist aus meiner Sicht ein gelungenes Best-Practice-Beispiel.

Das Kernteam und die agilen Key Account Teams

Wie bereits im Abschnitt „Mythos: One face to the customer" festgestellt, handelt es sich im Key Account Management fast immer um einen Teamansatz. Die Besonderheit im KAM liegt darin, dass wir es hier fast ausschließlich mit sogenannten virtuellen Teams zu tun haben, die nicht fest in der Unternehmensorganisation verankert sind.

Während wir früher vom Kernteam und dem erweiterten Team gesprochen haben, gibt es heute das Kernteam (CORE) und die agilen (AGILE) Ad-hoc-Teams. Gegebenenfalls gibt es darüberhinausgehend auch noch ein Steering Committee.

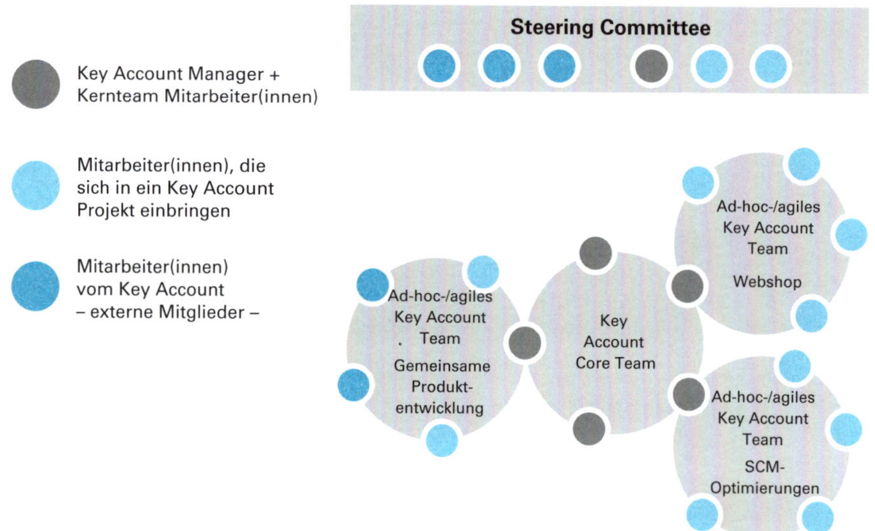

Abbildung 21: Core und agile Ad-hoc-Teams im KAM

Der Kern: das Key Account CORE Team

Im Zentrum steht das das sogenannte Kern- oder auch Key Account Core Team. Neben dem Key Account Manager finden wir hier die Personen, die einen signifikanten Teil ihrer Arbeitszeit auf die Geschäftsbeziehung mit dem Key Account verwenden. Sehr häufig sind diese Core Teams sehr klein, im Extremfall finden wir hier „nur" ein Tandem bestehend aus dem Key Account Manager und einer Person aus dem Innendienst (Backoffice). Bei größeren Teams gehören auch die Regional oder National Key Account Manager sowie Account Manager dazu, welche die Geschäftsbeziehung zu den einzelnen Unternehmensbereichen, Gesellschaften oder Standorten des Key Accounts verantworten.

Die agilen Teams oder auch AGILE Account Teams

Diese Teams sind in der Regel eher temporär ausgerichtet und fokussieren sich auf einzelne Themen beziehungsweise Projekte. In dem obigen Beispiel gibt es drei AGILE Accounts Teams:

1. Ein Team fokussiert sich auf die Implementierung der Webshop-Lösung für den Key Account.
2. Ein weiteres Team fokussiert sich auf die Optimierung der Supply Chain/ Logistik.
3. Das dritte Team befasst sich mit einer Produktentwicklung, die gemeinsam mit dem Key Account betrieben wird.

Während die ersten beiden Teams lediglich mit internen Personen besetzt sind, gehören zum dritten Team auch zwei Vertreter vom Key Account.

Steering Committee

Insbesondere bei strategischen Partnerschaften, die ein großes Volumen und/ oder eine Reihe von gemeinsamen Produktentwicklungen umfassen, gibt es darüber hinaus noch das Steering Committee, das zumeist aus Vertretern von beiden Unternehmen auf Managementebene zusammengesetzt ist.

Erfolgsfaktoren von Key Account Teams

Die Key Account Teams zu definieren, ist eine Sache, die Teams in der Praxis umzusetzen, allerdings häufig eine ganz andere. Hier einige kritische Erfolgsfaktoren aus der Praxis:

- Die Teams sind klar definiert und jedem Teammitglied ist auch bewusst, zu welchem Team er gehört.
- Jedes Team hat einen Teamleiter beziehungsweise einen Teamrepräsentanten, der das Team führt, koordiniert und die Themen vorantreibt.
- Jedes *agile* Team verfolgt ein klares Projektziel und ist zeitlich befristet aufgesetzt.
- In jedem Team sind die Spielregeln der Zusammenarbeit klar definiert. Wer macht was? Wer darf welche Entscheidungen treffen? Wer hat wen, wann über was zu informieren?
- Darüber hinaus ist ein regelmäßiger Informationsaustausch im Team sichergestellt!
- Jedes AGILE Team ist auch mit mindestens einem Vertreter des CORE-Teams besetzt. Das muss übrigens nicht immer der Key Account Manager sein!
- Alle Teammitglieder haben ein Teamziel in ihrer Zielvereinbarung!

Topmanagement-Sponsoring

Beim Topmanagement-Sponsoring übernimmt jemand aus dem oberen Management eine Art Patenschaft für einen oder mehrere Key Accounts. Gegenüber dem Kunden stellt er auf dieser Senior Managementebene einen eindeutigen Ansprechpartner dar. Auch dieses Instrument kann hervorragend eingesetzt werden, um dem Kunden gegenüber Wertschätzung zu zeigen. Die Hauptaufgaben des Sponsors lassen sich in zwei Hauptbereiche einteilen:

Extern gerichtete Aufgaben

- Der Sponsor führt auf seiner Ebene regelmäßig Gespräche mit dem Key Account. Bei intensiven Partnerschaften ist er auch Bestandteil des Steering Committees. Er wird dabei fester Bestandteil der Vertriebs- und Kundenbindungsstrategie.
- Mindestens einmal jährlich führt er zusammen mit dem Key Account Manager ein strategisches Jahresgespräch beim Key Account durch. In diesem Gespräch wird der Geschäftsverlauf der letzten zwölf Monate aufgearbeitet. Was wurde gemeinsam erreicht? Wo gab es Probleme? Neben diesem Rückblick gilt das Hauptaugenmerk der Zukunft. Was soll gemeinsam in den nächsten zwölf Monaten und längerfristig erreicht werden? Gibt es eine verbindliche Vorhersage des Kunden bezüglich seiner Bedarfe und Abnahmemengen? Der dritte Punkt auf der Tagesordnung ist dann zumeist für strategische Themen sowie für den allgemeinen Austausch von Informationen reserviert.

Intern gerichtete Aufgaben

- Neben der externen Rolle übernimmt der Sponsor aber auch eine aktiv nach innen gerichtete Rolle als Ansprechpartner für das Key Account Team. Er übernimmt damit auch intern die Patenschaft für diesen Key Account und unterstützt den Key Account Manager aktiv dabei, notwendige Veränderungen im Produkt- oder Prozessbereich anzustoßen.
- Daneben führt er selbst das jährliche Account Review durch beziehungsweise nimmt an diesem Review teil, falls es ein größeres Review Committee im Unternehmen gibt. Bei diesem Account Review werden die wichtigsten Änderungen am Markt, beim Kunden und in der Geschäftsbeziehung analysiert sowie die Vertriebsstrategie und größere Kundenbindungsmaßnahmen verabschiedet.

Next Level KAM-Ideen

- Institutionalisieren Sie die Position des KAM Development & Supports. Egal, ob es sich dabei um eine einzelne Person oder ein Team handelt, es wird der Weiterentwicklung Ihres KAM-Programms guttun!
- Definieren Sie pro Key Accounts das Core Team sowie (falls notwendig) die agilen Projektteams. Legen Sie klare Verantwortlichkeiten fest und stellen Sie sicher, dass sich jedes Teammitglied seiner Rolle im KAM Team bewusst ist.
- Nutzen Sie für die Top 3 Ihrer strategischen Key Accounts ein Steering Committee, zu dem auch Managementvertreter aus der Kundenorganisation gehören.
- Nutzen Sie das Topmanagement-Sponsoring oder Patenschaft-Modell für ausgewählte Top Key Accounts.

5. Key Account Manager – Kompetenzen, Karriere und Vergütung

Kernaussagen

- Key Account Manager müssen im Kern sieben Rollen ausfüllen.
- Es braucht ein klares Kompetenzprofil für die unterschiedlichen Positionen im Key Account Management.
- Auch im Key Account Management muss eine Fachkarriere möglich sein!
- Eine KAM-Akademie unterstützt Sie dabei, Key Account Managern systematisch, kontinuierlich und nachhaltig ein Seminarprogramm anzubieten.
- Bei der Vergütung geht die Reise klar hin zu Teamzielen und einem variablen Anteil, der mehr vom Gesamt- als vom Individualerfolg abhängt.

Die unternehmensspezifischen Ziele für das Key Account Management-Programm sind definiert, die Key Accounts identifiziert, Leistungspakete erarbeitet und eine kundenorientierte Organisationsform aufgesetzt. Damit ist die Basis geschaffen, um sich intensiver mit dem Stellen- und Rollenprofil eines Key Account Managers zu befassen. Dabei geht es vorrangig um folgende Fragestellungen:

- Welche Rolle sollte ein Key Account Manager heute bewusst ausfüllen?
- Welche Kompetenzen und Fähigkeiten werden heute im Key Account Management benötigt?
- Welche Fachkarrierepfade könnten im Key Account Management aufgesetzt werden?
- Wie sollten Key Account Manager heute vergütet werden?

Gerade im Bereich Key Account Management sind die Anforderungen an die Mitarbeiter sehr hoch. Die Key Account Manager repräsentieren das Unternehmen nach außen und entsprechend können überdurchschnittliche Fähigkeiten im Kontakt zum Key Account auch überproportionale Ergebnisse mit sich bringen. Schlecht ausgebildete Mitarbeiter mit weniger ausgeprägten Fähigkeiten können, genauso wie ein ständiger Wechsel der Ansprechpartner für den Kunden, zu immensen betriebswirtschaftlichen Schäden bis hin zur Gefährdung der eigenen Firmenexistenz führen. Umso wichtiger ist, sich die Zeit für die Erarbeitung eines Anforderungsprofils für Ihre Key Account

Manager zu nehmen und dieses auch anschließend zielführend umzusetzen. Dabei gilt es nicht vorrangig, den perfekten Mitarbeiter am Markt zu finden, der alle Anforderungen mit Bravour erfüllt. Vielmehr ist es wichtig, die Stärken und Schwächen eines jeden einzelnen Mitarbeiters klar zu identifizieren und ein persönliches Entwicklungsprogramm aufzusetzen.

Wie bereits festgestellt wurde, ist Key Account Management ein mittel- bis langfristiger Ansatz, um kontinuierlich das Geschäft mit den wichtigsten Key Accounts zu sichern und auszubauen. Dabei ist die Kontinuität in den persönlichen Beziehungen äußerst wichtig und muss in der Personal- und Karriereplanung mitberücksichtigt werden. Aus diesem Grund ist auch klar davon abzuraten, sogenannte „High Potentials“ in einem Unternehmen für eine kurze Zeit von ein bis zwei Jahren auf eine Key Account Manager Position zu setzen. Langfristige und stabile Beziehungen zum Kunden müssen hier Vorrang vor persönlichen Karriereplanungen haben.

Sieben Rollen eines Key Account Managers

Key Account Manager-Positionen bringen verschiedene Rollen mit sich. Grundsätzlich können Sie dabei zwischen sieben fundamentalen Rollen differenzieren, die in der Praxis von Key Account Managern durchaus unterschiedlich interpretiert und gelebt werden.

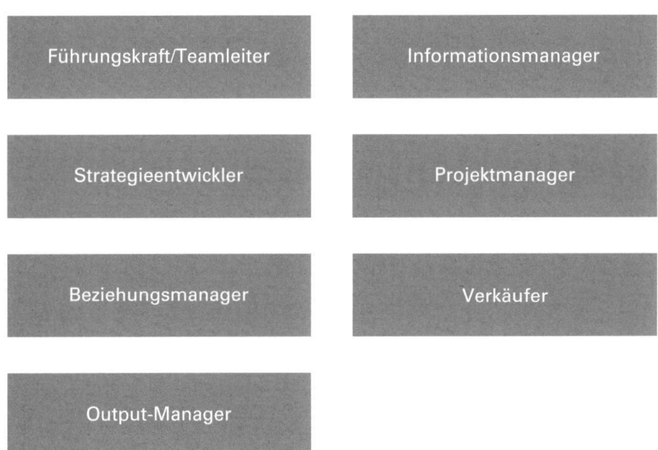

Abbildung 22: Die sieben Rollen eines Key Account Managers

Führungskraft/Teamleiter

Wie bereits aufgezeigt wurde, ist Key Account Management immer ein Teamansatz. Egal ob es sich dabei „nur“ um ein Tandem (Key Account Manager und Innendienst) oder um ein großes, internationales und crossfunktionales

Team handelt. In beiden Fällen trägt der Key Account Manager die Gesamtverantwortung für die Geschäftsbeziehung zu und mit dem Key Account, und damit verbunden ist auch, dass er alle Schnittstellen zum Kunden in irgendeiner Form führen muss. Wir sprechen hier von virtuellen Teams, die von einem Key Account Manager geführt werden. Die besondere Herausforderung hierbei besteht darin, dass es sich fast immer um Teammitglieder handelt, die dem Key Account Manager maximal fachlich und fast nie auch disziplinarisch zugeordnet sind. In der Praxis finden sich sogar viele Fälle, in denen die Teammitglieder sich noch nicht einmal dessen bewusst sind, dass sie Teil eines Key Account Teams sind. Gefragt sind daher Key Account Manager, welche die Teams ohne Macht führen können. Wir sprechen hier auch gern von „leading without authority". Empathie, eine hohe Sozialkompetenz und die Fähigkeit, Menschen von sich und einer Idee begeistern zu können, werden damit zu kritischen Erfolgsfaktoren.

Informationsmanager

In einem Projekt wurde vom Kunden immer wieder ein Spruch verwendet: *„Wenn wir wüssten, was wir wissen …"*. Informationsmanagement ist insbesondere in der heutigen schnelllebigen Zeit und international vernetzten Welt ein kritischer Erfolgsfaktor. Der Key Account Manager wird damit auch zu einem Informationsmanager. Als Drehscheibenfunktion gilt es, wichtige Neuigkeiten vom Kunden intern und wichtige interne Informationen gezielt zum Kunden zu kommunizieren. Das hört sich erst einmal einfach an, wird aber in der Praxis häufig zu einer Herausforderungen, weil einige Personen Neuigkeiten doch häufig als persönliches Wissen verstehen oder im Gegenteil eine Informationsüberflutung im Teamkanal oder ähnlichem von niemandem mehr wahrgenommen wird.

Hier nur eine paar ausgewählte Informationsflüsse:

- Wichtige Informationen von der Zentrale des Key Accounts müssen gezielt intern weitergeleitet werden. Das ist noch einfach, da dieses in der Regel direkt in den Händen des Key Account Managers liegt.
- Darüber hinaus gilt es aber auch, Neuigkeiten einzusammeln, die von weiteren Teammitgliedern aus Kundenterminen oder auch mal vom Vorstand aus C-Level-Gesprächen stammen. Jetzt wird es schon spannend. Sind sich die Teammitglieder eigentlich bewusst, dass sie den Key Account Manager über einige Neuigkeiten informieren sollten und/oder sind sie auch dazu bereit, Informationen zu teilen.

Strategieentwickler

Der Key Account Manager trägt die Gesamtverantwortung für die Geschäftsbeziehung zu dem Key Account. Er hat den Kunden als Ganzes im Blick, und gemeinsam mit dem Team gilt es, Kundenthemen und -projekte sowie die daraus resultierenden Geschäftsmöglichkeiten frühzeitig zu erkennen. Der Key Account Manager ist auch für die mittelfristige Geschäftsvision, die Positionierung des eigenen Unternehmens beim Key Account und den Gesamtumsatz verantwortlich. Er verantwortet damit auch die Gesamtstrategie und es ist seine Verantwortung, diese (gemeinsam mit dem Team) zu entwickeln. Als strategisches Werkzeug wird hierzu der Key Account Plan genutzt, der später noch detailliert vorgestellt wird.

Verkäufer

Bestimmt kennen Sie auch diese Vorurteile, dass Key Account Manager eigentlich nur ein Leben zwischen Golf, Lunch, Dinner, strategischen Meetings und Kundenveranstaltungen genießen. Wirklich arbeiten, tun die ja eh nicht 😉. Aber in der Praxis ist es eben nicht mit ein paar Meetings getan. Das gilt auch für den Fall, dass sich Key Account Manager „nur" als reine Netzwerker und Oberstrategen verstehen. Am Ende müssen Key Account Manager auch schlichtweg verkaufen. Es gilt, die Anforderungen des Key Accounts zu verstehen, daraus passende Konzepte und Angebote zu entwickeln, diese beim Key Account zu präsentieren und final auch den „Sack zuzumachen" und Projekte wie auch Rahmenverträge zu verhandeln. Damit verbunden sind dann auch viele klassische Verkaufskompetenzen, die jeder Key Account Manager mitbringen muss.

Projektmanager

Praxisbeispiel

Der Key Account Manager eines C-Teile-Anbieters hat sich zur Aufgabe gemacht, seine Kunden dabei zu begleiten, Prozesse und Abläufe zu optimieren. Im Rahmen der Gespräche erkennt der Key Account Manager ein Kundenproblem, das er und sein Arbeitgeber bis heute noch nie adressiert haben. Für dieses Kundenproblem gibt es schlichtweg keine existierende Lösung am Portfolio! In diesem Beispiel müssen die Servicetechniker des Kunden für die Entsorgung von Schadstoffen immer wieder extra zurück zum eigenen Servicestützpunkt fahren. Das kostet Zeit und ist extrem aufwendig. Aus den Gesprächen entsteht die Idee, dass der Anbieter diese Schadstoffentsorgung übernimmt und die Servicetechniker nur noch zur nächstgelegenen Filiale des Anbieters fahren müssen. Das tun sie aber sowieso, da die Servicetechniker im Laufe der Woche mehrfach dort Verbrauchsmaterialien beschaffen. Geboren war damit der Service Schadstoffmanagement.

Im Praxisbeispiel übernimmt der Key Account Manager jetzt in gewisser Weise auch die Rolle eines Projektmanagers. Er muss das eigene Management von diesem neuen Service überzeugen und anschließend die Fachabteilungen dabei begleiten, aus der Idee ein marktreifes Produkt zu machen.

Beziehungsmanager

Wie bereits erwähnt, gilt es, ein breit gefächertes Beziehungsgeflecht zum Key Account auf allen Ebenen (Multi-Level-Selling) aufzubauen. Dieses Beziehungsnetz zwischen dem eigenen Unternehmen und dem Key Account aufzubauen, zu pflegen und weiterzuentwickeln, ist eine klare Aufgabe des Key Account Managers. Achtung: Dieses gilt auch für die Beziehungskoordination im Topmanagement-Bereich!

Diese Beziehungsmanager-Rolle besteht im Kern aus drei Elementen:

1. Die relevanten Personen innerhalb der Key Account Organisation auf möglichst allen Ebenen, abteilungs- und standortübergreifend identifizieren.
2. Diese Personen dann mit den passenden Personen aus der eigenen Organisation verknüpfen. Hierbei können eine Vielzahl von Faktoren ausschlaggebend sein, beispielsweise Hierarchiestufe, Sprache, Funktion, Kulturkreis, Interessen, Verhaltenstypen.
3. Einen Touchpoint-Plan zu entwickeln, um sicherzustellen, dass diese Personen zur richtigen Zeit über die richtigen Themen sprechen und dass das eigene Unternehmen für alle wichtigen Personen beim Kunden auch regelmäßig sichtbar bleibt.

Diese drei Elemente sind ebenfalls Teil eines systematischen Key Account Plans.

Insbesondere die Rolle „Beziehungsmanager" wird von vielen Key Account Managern noch so verstanden, dass es hier um ihr eigenes Beziehungsnetz in den Key Account hinein geht. Top Key Account Manager koordinieren jedoch das GESAMTE Beziehungsnetz zwischen dem eigenen Unternehmen und dem Key Account!

Output-Manager

Bei der letzten Rolle handelt es sich um eine Rolle, die für einige selbstverständlich und für andere vielleicht erst in ein paar Jahren Wirklichkeit wird. Die Rede ist vom Key Account Manager als Output-Manager.

Nehmen wir dazu drei Beispiele aus der Praxis, um diese Rolle etwas griffiger zu machen.

Praxisbeispiel

1. Ein Partner einer Strategieberatung bringt es sehr schön auf den Punkt. Ich möchte mit meinen Mandanten nicht darüber sprechen, was wir kosten, ich möchte mit meinen Mandanten darüber sprechen, welchen Impact wir erbracht haben. Das heißt, was der Kunde durch uns eingespart hat oder welchen Mehrumsatz er generieren konnte.
2. Ein Key Account Kunde eines Maschinenbauunternehmens fordert vom Anbieter einen Key Account Manager. Gesucht wird hier aber nicht ein kaufmännischer Ansprechpartner oder Kümmerer, sondern eine Person, die gemeinsam mit dem Kunden die Prozesse um die Maschinen herum kontinuierlich optimiert (Rüstzeiten, Wartungsfenster, Zulieferwege, …).
3. Ein großer deutscher C-Teile-Anbieter hat das klare Selbstverständnis, dass er seine Kunden dabei begleitet, Laufwege zu optimieren, Leerlaufzeiten auf der Baustelle zu minimieren, effizientere Bestellprozesse zu etablieren. Am Ende geht es dann nicht mehr um den Preis für die Schraube, den Hammer oder die Handschuhe, sondern um die Einsparungen, die unterm Strich durch die Zusammenarbeit erzielt werden konnten.

Der Key Account Manager kennt die Prozesse, Abläufe wie auch die Kalkulationsansätze des Key Accounts. Als Output-Manager erzählen Sie dem Kunden nicht nur, dass Sie seine Prozesse optimieren oder ihn in seinem Markt noch erfolgreicher machen. Als Output-Manager kommunizieren Sie diesen Mehrwert durch TCO und Business Case-Kalkulationen. Damit wird dann auch die Basis für neue, spannende Preisansätze wie Value-based Pricing oder auch Performance-based Pricing geschaffen.

Kompetenzbausteine eines Key Account Managers

Im Folgenden finden Sie eine Reihe von ausgewählten Kompetenzbausteinen, die aus meiner Sicht heute fest mit dem Jobprofil eines Key Account Managers verbunden sind.

Das Fundament/die Basis

- MS Office
  Wird immer vorausgesetzt, aber nur ganz wenige haben überhaupt an einer Outlook-, Teams- oder Excel-Schulung teilgenommen!
- Kommunikativ
  Geht gern auf Menschen zu und kann in Präsenzterminen wie aber auch Online-Terminen, extern wie auch intern, überzeugen.

Aus meiner Sicht gehört heute auch die Bereitschaft dazu, soziale Netze wie LinkedIn gezielt in der Rolle des Key Account Managers nutzen zu wollen!

- Reisebereitschaft
  Durch die Covid-19-Pandemie hat sich das Reisevolumen auch im KAM stark reduziert. Aber im Key Account Management werden auch zukünftig Reisen zum Kunden im Inland und Ausland dazugehören.
- Lösungsorientiert
  Im KAM werden Sie immer wieder mit neuen Problemen, Herausforderungen und Fragestellungen konfrontiert. Ein *„Das haben wir noch nie so gemacht"* und schnelles Aufgeben sind hier fehl am Platz!
- Out-of-the-box-Denken
  Im KAM braucht es die Fähigkeit, Dinge auch mal ganz anders zu denken und komplett neue Lösungswege zu erarbeiten.
- Risikobereitschaft
  Von Zeit zu Zeit muss ein Key Account Manager auch mal bereit sein, seine eigenen Kompetenzbereiche auszutesten.
- Sprachen
  Für ein rein nationales KAM würde Deutsch vielleicht ausreichen, aber aus meiner Sicht ist Englisch heute eine Minimumvoraussetzung. Key Accounts sind meist auch international unterwegs und dann braucht es auch eine Kommunikation mit den internationalen Tochtergesellschaften.
- Teamplayer
  Einzelgänger haben es im KAM schwer. Als Key Account Manager müssen Sie in der Lage sein, mit anderen in einem Team zusammenzuarbeiten.

Verkaufskompetenzen

- Verkaufstechniken
  Verhandlungstechniken, Präsentationstechniken oder Verkaufstechniken sind Basis und Voraussetzung. Achtung: Das heißt nicht, dass ein Key Account Manager sich in diesen Bereichen nicht kontinuierlich weiterentwickeln muss!

Strategisches Denken und Verkaufen

- Analytisches Denken
  Gerade im Key Account Management gilt es, die Kunden systematisch zu analysieren, um Potenziale und Risiken aktiv zu erkennen.
- Strategisches Denken
  Viele Menschen im Verkauf sind sehr taktisch unterwegs. Der nächste Aktionspunkt steht im Vordergrund. Im KAM gilt es aber, Strategien zu

erarbeiten, um die Geschäftsbeziehung mit einem Key Account kurz-, mittel- und langfristig abzusichern beziehungsweise weiter auszubauen.

Leadership

- Bereitschaft, ein Team zu führen
  Der Key Account Manager führt ein virtuelles Team ohne disziplinarische Macht. Dazu muss der Key Account Manager dann aber auch überhaupt bereit sein!
- Führen ohne Macht
  Im KAM ist die höchste Form der Führungskompetenz gefragt. Das Führen von Menschen, ohne dass Sie die disziplinarische Macht haben.

Weitere Themen

- Interkulturelle Kompetenzen
  Wird immer dann sehr wichtig, wenn das KAM international/global ausgerichtet ist und der Key Account Manager damit intern wie auch extern mit Menschen aus ganz unterschiedlichen Kulturen zusammenarbeiten können muss.
- 15 Minuten Nachhaltigkeit
  Das Thema Nachhaltigkeit ist heute nicht nur in aller Munde, sondern zunehmend auch ein Erfolgsfaktor, um mit Key Accounts überhaupt Geschäfte machen zu können. Sind Sie als Key Account Manager in der Lage, 15 Minuten mit dem Kunden über das Thema zu sprechen? Sind Sie in der Lage, dem Kunden Ihren Betrag zur Reduzierung des CO_2-Fußabdrucks beim Key Account aufzuzeigen?
- Digitalisierung
  Im KAM gilt es sehr häufig, die Systeme vom Key Account und vom eigenen Unternehmen digital zu vernetzen. Auch hier muss der Key Account Manager in der Lage sein, ein 15-Minuten-Gespräch mit dem Kunden zu bestehen und die grundlegenden Begriffe und Techniken kennen!
- Prozesskostenrechnung/-optimierung
  Sehr häufig geht es im KAM nicht nur um ein Produkt oder eine Lösung. Vielmehr geht es um das Aufzeigen von Prozessoptimierungen und Einsparpotenzialen (in harten Euros!). Können Sie Ihrem Key Account eine Art Business Case vorlegen, in dem Sie die Einsparungen kalkulatorisch aufzeigen?

Wie attraktiv ist eigentlich Ihre Stellenausschreibung aus Sicht eines potenziellen Bewerbers? Ich stelle immer wieder fest, dass Stellenausschreibungen nicht wirklich ansprechend, attraktiv und interessant geschrieben sind.

Beispiel: Schreiben Sie *„Reisebereitschaft"* als Anforderung in Ihre Stellenausschreibung oder eher *„Sie haben die Möglichkeit, interessante Städte in Europa und andere Kulturen kennenzulernen!"*

(Fach-)Karriere im Key Account Management

Karriere ist auch 2023 leider noch zu häufig mit dem Thema „Entwicklung zu einer Führungskraft" verbunden. Eine Fachkarriere gibt es vielleicht noch im Technikerumfeld, aber eine echte Fachkarriere im Vertrieb oder Key Account Management sucht man meistens vergebens.

Die Karriereplanung im Key Account Management muss dabei zwei wichtigen Grundaussagen genügen:

1. Key Account Management hat das Ziel, fundierte, mittel- bis langfristige Geschäftsbeziehungen zu den Key Accounts aufzubauen und zu gewährleisten. Das heißt konkret: „Jobhopping" im Key Account Management ist tabu! Key Account Manager müssen langfristig im KAM gehalten werden.

2. Key Account Manager benötigen ein solides Netzwerk im sowie sehr gute Kenntnisse über das eigene Unternehmen. Insbesondere der zweite Punkt spricht dafür, sich im eigenen Unternehmen auch außerhalb vom heutigen Vertriebsbereich nach geeigneten Kandidaten umzusehen, die mittel- bis langfristig zu einem Key Account Manager entwickelt werden können. Klassisch können dabei „Jobrotation"-Programme helfen, Mitarbeiter in unterschiedlichsten Bereichen im In- und Ausland einzuführen und ihnen so die Chance zu geben, sich ein breites Netzwerk im Unternehmen aufzubauen.

Um junge Mitarbeiter im Bereich Key Account Management einzuführen, können Trainee-Programme gute Dienste leisten. Innerhalb von Trainee-Programmen können verschiedenste Unternehmensbereiche durchlaufen werden, um anschließend als „Junior Key Account Manager" in einem existierenden Team anzufangen.

Praxisbeispiel

In einem Unternehmen werden auch gezielt Junior Key Account Manager aus dem Backoffice (Innendienst) Bereich heraus entwickelt. Diese kennen so bereits die KAM Abläufe, haben ein gutes internes Netzwerk und haben gezeigt, dass sie Lust auf mehr haben. Nach ein bis zwei Jahren im Innendienst starten diese dann als Junior Key Account Manager und unterstützen einen Senior Key Account Manager, indem sie Teilaufgaben und Verantwortungsbereiche übernehmen.

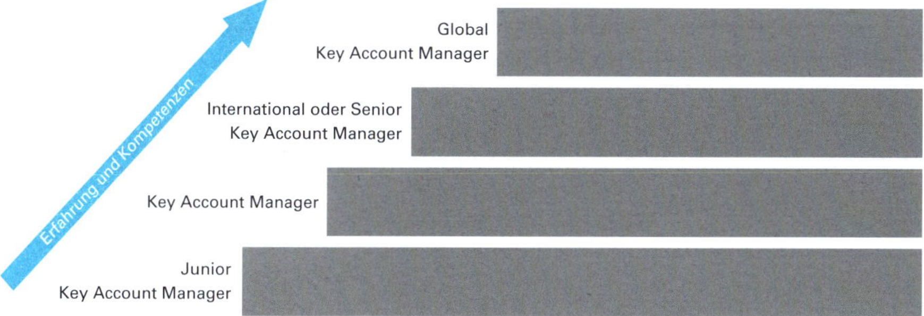

Abbildung 23: (Fach-)Karriere im Key Account Management

Die Praxis zeigt, dass viele Key Account Manager nach ein paar Jahren in ein Loch fallen und sich Fragen stellen wie:

- Wie geht es mit meiner Karriere jetzt weiter?
- War es das schon?
- Alle Freunde machen Karriere, bloß ich nicht?
- Bekomme ich denn keine Weiterbildung mehr?

Für alle diejenigen unter Ihnen, die jetzt sagen: *„Aber der bekommt doch jedes Jahr eine Gehaltserhöhung!"*, sei angemerkt, dass dieser monetäre Anreiz bei vielen nur sehr bedingt aus dem oben beschriebenen Loch hilft. Key Account Manager erwarten, dass es auch nach außen sichtbar ist, dass sie Karriere machen. Dazu gehört eine Reihe von Punkten, die diese Karriere nach außen untermauern können:

1. **Ein höherwertigerer Titel**
   Aus dem „Junior KA Manager" wird ein „KA Manager" oder später „Senior KA Manager".

2. **Mehr Aufgaben und Verantwortungen**
   Der Junior KA Manager war bisher vielleicht eher für eine Produktgruppe verantwortlich und übernimmt jetzt die geschäftliche Verantwortung für einen ganzen Unternehmensbereich beim Kunden.
3. **Personalverantwortung**
   Bleiben wir bei dem Beispiel des Junior Key Account Managers. Bei diesem Karriereschritt übernimmt er vielleicht nicht nur fachlich mehr Verantwortung, sondern übernimmt auch ein erstes kleines Team.
4. **Der Karriereschritt wird auch kommuniziert!**
   In der Mitarbeiterzeitschrift oder auch in der Vertriebsleiterrunde wird bekannt gegeben, dass jemand im KAM „befördert" wurde.
5. **Weiterführende Schulungen**
   Die Ausbildung zum Key Account Manager endet nicht nach der Grundausbildung (siehe weiter unten)!
6. **Monetäre Aspekte**
   Ja, die monetären Aspekte sollen in dieser Liste nicht fehlen. Dazu gehört einerseits das Gehalt wie aber auch Statussymbole, zum Beispiel der größere Dienstwagen (auch wenn das bei der Generation Z scheinbar nicht mehr den Stellenwert hat 😉).

Key Account Management-Trainingsakademie

Im Bereich der *kontinuierlichen* Weiterbildung gibt es noch erhebliches Entwicklungspotenzial. In vielen Unternehmen bekommt ein Key Account Manager nach einer Zeit mal eine KAM Schulung, ein Verhandlungs- und Präsentationstraining und jede Menge Produktschulungen. Das war es! Doch was kommt danach? Dazu ist es sehr empfehlenswert, einen ganzen Fortbildungskatalog aufzusetzen und dann individuell einen Weiterbildungsplan zu erarbeiten. Zur zielführenden Gestaltung eines Fortbildungsplans steht am Anfang eine Ist-Aufnahme. Diese Bestandsaufnahme der Stärken und Schwächen und Potenziale eines Mitarbeiters kann über Führungsgespräche, 360-Grad-Feedback-Runden wie auch Assessment-Center-Veranstaltungen erfolgen. Am Ende steht ein Weiterbildungsplan, der sich in drei Bereiche einteilen lässt:

1. **Das eigene Unternehmen**
   Insbesondere größere Unternehmen bieten neuen Mitarbeitern Einführungsseminare über den Aufbau und die Prozesse des eigenen Unternehmens an. Daneben stehen produktspezifische Seminare, um den Key Account Manager mit der gesamten Produktpalette vertraut zu machen. Unterschätzen Sie bitte diesen zweiten Punkt nicht. Mitarbeiter neigen

dazu, die Produkte stärker zu verkaufen, die sie gut kennen. Unbekannte Produkte wecken Unbehagen und Unsicherheiten beim Verkäufer und Key Account Manager. Daher ist auch zu überlegen, inwieweit klassische Produktseminare allein zielführend sind. Eine Alternative dazu kann ein temporärer Einsatz des Key Account Managers in den einzelnen Produktbereichen sein. Diese Methode ist zwar zeit- und damit kostenintensiver, jedoch erhält der Key Account Manager einen wesentlich tieferen Einblick in die Produkte und kann gleichzeitig sein Netzwerk in diese für ihn neuen Produktbereiche ausbauen.

2. **Key Account Management**
   Im zweiten großen Bereich steht das Key Account Management an sich im Vordergrund. In einem Einführungsseminar erfährt der Key Account Manager die Grundlagen sowie die unternehmensspezifischen Adaptierungen mit den Zielen und den Prozessen basierend auf dem Key Account Management Unternehmenskonzept. Dazu gehört auch eine Einführung in die Erstellung von Key Account Plänen und anderen Werkzeugen des Key Account Managers.
   In einem zweiten Modul folgt dann die Vertiefung von Kenntnissen über die eingesetzten Softwarelösungen im Bereich Customer Relationship Management (CRM) und ähnlichem.
   In weiteren Modulen werden dann die verkaufsstrategischen Kenntnisse weiter intensiviert. Dazu gehören Module im Bereich Consultative Selling, Value Selling, Strategic Selling, Strategic Negotiations, Umgang mit Auktionen und weitere.

3. **Persönliche Kompetenzen**
   In diesem dritten Bereich finden sich alle Seminare und Veranstaltungen wieder, die die persönlichen Kompetenzen eines Key Account Managers weiterentwickeln.
   Dazu gehören klassisch:
   - Fremdsprachenseminare
   - Präsentationstechniken
   - Teamfördernde Maßnahmen und Aktionen

Im Rahmen der weiteren Karriereschritte kommen dann ergänzende Module hinzu. Hier drei Beispiele:

1. Interkulturelle Kompetenzen

2. Führen eines Teams ohne Weisungsbefugnis

3. C-Level-Gespräche

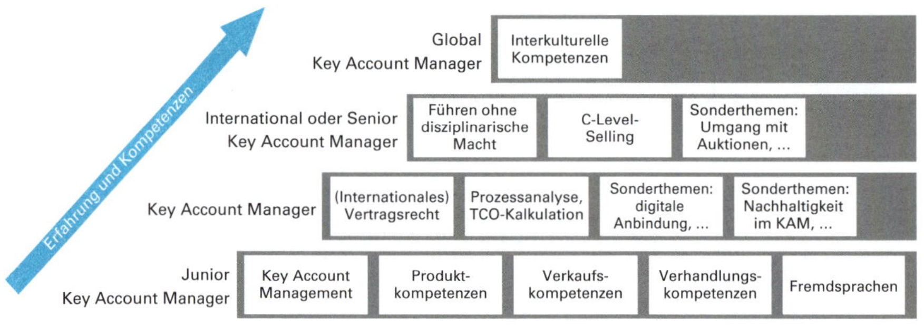

Abbildung 24: KAM-Akademie

Als Gesamtbild und -angebot entsteht so die Key Account Management-Akademie.

Vergütungsmodelle im Key Account Management

Nichts könnte man länger und emotionaler diskutieren als das Thema Vergütung und Geld! Da jedes Unternehmen eine eigene Philosophie verfolgt, hier ein paar Gedanken, die ich gern zur Diskussion stelle.

20 Prozent variabler Anteil, bitte nicht mehr!

Ja, im Vertrieb gibt es auch heute noch die sehr stark provisionsgesteuerten Vergütungssysteme. Ein Fixanteil von 50 Prozent – und den Rest muss man sich dann wirklich verdienen. Im Key Account Management sind solche Modelle nicht hilfreich und in der Praxis hat sich ein variabler Anteil von 15 bis 20 Prozent herauskristallisiert. Dieser ist dann in der Regel aber abhängig von der Erreichung gewisser Ziele und nicht rein provisionsgesteuert!

Ziele müssen auch mittelfristig ausgelegt sein!

Einige Unternehmen steuern auch heute noch ihren Vertrieb auf Monatsbasis. In einem Vertrieb mit kurzen Vertriebszyklen mag dieses Modell auch heute noch praktikabel sein, im Key Account Management mit einer mittel- bis langfristigen Orientierung funktioniert es nicht. Ziele müssen mindestens auf ein Jahr ausgerichtet sein.

In einem Unternehmen wird KAM als Vertriebsansatz umgesetzt. Die Key Account Manager verantworten dabei ein Portfolio von jeweils zehn Key Accounts. Um die mittelfristige Perspektive in die Vergütung einzubringen, nutzt der Vertriebsleiter ein System, mit dem der Reifegrad eines Kunden beschrieben wird. Kurzum: Die Durchdringung des Kunden und die Intensität der Zusammenarbeit werden hier mitberücksichtigt. Jedes Jahr sollten einige Key Accounts in die nächsthöhere Entwicklungsstufe gebracht werden.

Bei internationalen KAM-Projekten empfehle ich Ihnen, das Vergütungsmodell in den einzelnen Ländern zu überprüfen. Während Sie vielleicht in Deutschland schon mittelfristig über Ziele führen, wird im Ausland teilweise noch kurzfristig über Umsatz geführt.

Teamziele vor Individualziele

Viele Key Account Management Programme entfalten nicht ihr gesamtes Potenzial, weil die Protagonisten nicht alle an einem Strang ziehen. Der Key Account Manager hat seine Zielvorgaben, der Innendienst wiederum ganz andere, der Flächenvertrieb erst recht und international verfolgt jeder sowie seine eigene Agenda.

Wir brauchen mehr Teamziele im Key Account Management. Alle Personen, die Teil eines internationalen Key Account Teams sind, haben ein gemeinsames Ziel. Dieses Ziel ist unabhängig von einem einzelnen Land oder einer einzelnen Abteilung.

Ist eine variable Vergütung überhaupt noch zeitgemäß?

Lassen Sie mich zwei Grundthesen in den Raum stellen:

1. Im Key Account Management leisten viele Personen aus unterschiedlichen Abteilungen und vielleicht sogar Landesorganisationen einen Beitrag zum Gesamterfolg. Der KAM ist kein einsamer Wolf, der den Umsatz allein „reinholt" und das Geschäft mit dem Key Account mittelfristig weiterentwickelt. KAM ist ein Teamansatz und braucht Teamziele (siehe oben).

2. Geld ist nicht mehr Motivator Nummer 1 bei der jüngeren Generation. Große Konzerne haben bereits vor einigen Jahren damit angefangen, das Ende der variablen Vergütung einzuläuten, weil es nicht mehr zeitgemäß ist. Natürlich kann es am Ende des Jahres noch einen Bonus geben. Dieser repräsentiert dann eher einen kleinen Teil (ein Sahnehäubchen) vom Gehalt und ist stärker von den folgenden Eckparametern abhängig:
   - Gesamtergebnis (Umsatz oder Profit) des Gesamtunternehmens
   - Gesamtergebnis (Umsatz oder Profit) einer Division
   - Gesamtergebnis vom Key Account Management
   - + Gegebenenfalls noch ein kleiner individueller Bereich von persönlichen, qualitativen Zielen.

Next Level KAM-Ideen

- Überprüfen Sie Ihre Kompetenzprofile und Stellenbeschreibungen für die Positionen (NKAM, IKAM, GKAM) im Key Account Management.
- Stellen Sie sicher, dass diese auch international als Standard bekannt sind.
- Bieten Sie den Mitarbeitern im KAM eine Fachkarriere an (vom Junior Key Account Manager bis zum Global Key Account Manager mit eigenem Team).
- Überprüfen Sie das Seminarangebot für Ihre Key Account Manager und stellen Sie die Module zu einem ganzheitlichen Programm einer KAM-Akademie zusammen.
- Überprüfen Sie Ihr Ziel- und Vergütungsmodell. Inwieweit berücksichtigen Sie heute bereits den Teamgedanken in der variablen Vergütung?

6. Klare Prozesse und Spielregeln im KAM

Kernaussagen

- Key Account Management ist immer ein Teamansatz, in dem Menschen aus verschiedenen Abteilungen, Divisionen oder auch Landesorganisationen zusammenarbeiten. Für diese Zusammenarbeit braucht es klare Prozesse und Spielregeln.
- Mit der RASIC-Systematik können Sie die Regeln der Zusammenarbeit im Team klar aufsetzen.

Stellen Sie sich bitte einmal folgende Situation vor: Der Key Account fordert von Ihnen einen internationalen Rahmenvertrag mit festen – womöglich sogar einheitlichen – Preisen in Europa. Nach zähen Verhandlungen steht der Preis für die Komponente mit zehn Euro fest. Die Komponenten werden ausschließlich in Deutschland gefertigt und dann von Ihren eigenen Landesgesellschaften gemäß einer „Intercompany price list" eingekauft, bevor sie dann vor Ort an den Kunden ausgeliefert werden. Dieser Intercompany Preis ist jedoch nicht kundenindividuell, sondern allgemeingültig. Der Key Account bestellt jetzt die Komponenten in Italien und Ihre Vertriebsgesellschaft Italien muss die Komponenten in Deutschland zu einem fest vorgegebenen Intercompany Preis von 10,50 Euro einkaufen. Sie ahnen es vermutlich schon, mit diesem Preis können Ihre Kollegen in Italien nicht wirtschaftlich arbeiten. Es würde hier sogar zu einem direkten Verlust von 0,50 Euro pro Komponente zuzüglich der zu berücksichtigenden Vertriebs- und Allgemeinkosten kommen. Die Fragestellungen, die sich daraus ergeben, sind:

- Wer darf überhaupt solche international gültigen Preise festlegen?
- Wie sorgen Sie dafür, dass diese dann auch zwingend von allen Landes- und Tochtergesellschaften so akzeptiert und umgesetzt werden?
- Welche Kompensationsregeln und Vorgehensweisen wurden definiert, um im obigen Beispiel die Landesgesellschaft für den Verlust zu entschädigen?

Ein weiteres Beispiel: Die globalen Key Account Manager sitzen vor Ort in dem jeweiligen Land, in dem der Key Account seine Firmenzentrale hat. Damit gehören sie in der Regel auch zur jeweiligen Landesorganisation. Der Arbeitsvertrag wird zwischen dem Key Account Manager und dieser Landesorganisation abgeschlossen. Funktional berichtet der Global Key Account Manager aber an den „Head of Global KAM", der seinen Sitz irgendwo auf der Welt hat.

Daraus ergibt sich wieder eine Reihe von interessanten Fragestellungen:

- Wer entscheidet eigentlich, welcher Kandidat letztlich eingestellt wird? Muss die Landesorganisation den Leiter Global KAM dazu einbinden? Hat er sogar die finale Entscheidungshoheit?
- Wer trägt eigentlich die Kosten für den globalen Key Account Manager in dem jeweiligen Land? Nicht immer werden die größten Umsätze auch in dem Land generiert, in dem sich die Firmenzentrale des Key Accounts befindet!

Für diese Spielregeln nutzen viele Unternehmen die sogenannte RASIC-Systematik. Mit ihr kann klar und für alle transparent festgelegt werden, wer welche Entscheidungen treffen darf und wer wen wann über was zu informieren hat.

R	Responsible Wer führt die Aufgabe durch?
A	Approve/accountable Wer wird final die Entscheidung treffen?
S	Supporting Wer unterstützt?
I	Informed Wer muss über das Ergebnis informiert werden?
C	Consulted Wer muss vor einer Entscheidungsfindung konsultiert werden?

Hier ein paar Beispiele aus der Praxis, wie Sie die RASIC-Systematik auf das Key Account Management anwenden können:

Aufgabe	R Respon- sible	A Accoun- table	S Supporting	I To be informed	C To be consulted
Global Key Accounts festlegen	Head of GKAM	Head of GKAM + Vorstand	Backoffice	Nationales/internationales KAM Team	–
National Key Accounts festlegen	Sales Director im Land	Sales Director + Country Manager	Backoffice	Head of GKAM	–

National Key Account Manager einstellen	Country Manager	Country Manager	HR/Personalabteilung	Head of GKAM	Head of GKAM
Internationale Preise für Key Accounts festlegen	GKAM	Vorstand	Backoffice Produktmanagement	NKAM Backoffice	NKAM der Top 10-Länder, in denen der Key Account tätig ist (Umsatz)
Kundenbesuche an nationalen Standorten eines globales Key Accounts	NKAM	NKAM	-	GKAM* * im Fall von kritischen Gesprächsergebnissen	–

Next Level KAM-Ideen

- Identifizieren Sie die zehn Aufgaben (zum Beispiel Preisfestlegung, Budgetfestlegung, Informationsfluss, ...), bei denen es in der (internationalen) Zusammenarbeit immer wieder zu Fragestellungen und Interpretationen kommt.
- Erarbeiten Sie für diese zehn kritischen Aufgaben klare Rollen-, Aufgaben- und Kommunikationsregeln.
- Stellen Sie sicher, dass diese auch allen involvierten Abteilungen und Personen (international) bekannt sind.
- Ergänzen Sie Ihr KAM-Handbuch um diese Spielregeln der Zusammenarbeit.
- Kommunizieren Sie die Spielregeln der Zusammenarbeit gleich im Onboarding-Prozess für neue Mitarbeiter.

7. Wenige, aber wichtige Werkzeuge im KAM nutzen

 **Kernaussagen**

- Es gibt vier fundamentale Werkzeuge im Key Account Management: Enterprise Resource Planning (ERP), Customer Relationship Management (CRM), Key Account Plan (KAP) und Kollaborationswerkzeuge (beispielsweise Microsoft Teams).
- Ausnahme: Start-ups und Einzelunternehmern steht auch eine smarte Lösung mit OneNote und Outlook zur Verfügung!

Bei den Werkzeugen trennt sich im Key Account Management schnell die Spreu vom Weizen. Über ein ERP- oder ein CRM-System verfügt heute fast jedes Unternehmen. Braucht es also wirklich mehr? Welche Werkzeuge sind im Key Account Management notwendig und worauf kommt es dabei eigentlich an? Aus der Praxis heraus möchte ich auf vier zentrale Werkzeuge näher eingehen.

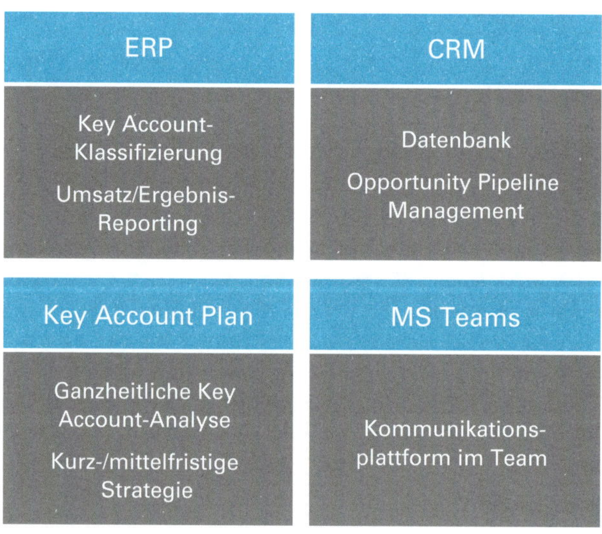

Abbildung 25: Die vier elementare Werkzeuge im KAM

Enterprise Resource Planning (ERP) als fundamentale Basis

Wer kennt sie nicht, diese Horrorgeschichten, wenn ein Unternehmen ein ERP-System von SAP & Co. einführt. Teilweise funktioniert in dieser Phase nichts mehr und diese Unternehmen haben keinen Überblick, was sie gerade produzieren, auf Lager haben, können keine Waren versenden und eine Rechnungsstellung ist sowieso nicht möglich. Aber vielleicht zeigt gerade das die zentrale Rolle eines ERP-Systems in einem Unternehmen.

Jeder im Vertrieb träumt davon, auf Knopfdruck die aktuellen Umsatz-, Mengen- und am besten auch Ergebnis-(Profitabilitäts-)Kennzahlen, bezogen auf einen Kunden, abrufen zu können. Genau dazu braucht es ein funktionierendes ERP-System.

Im Rahmen der Key Account-Selektion brauchen Sie Kennzahlen wie den aktuellen Umsatz und am besten auch noch die Profitabilitätsergebnisse bezogen auf einzelne Kunden und das auch noch am besten weltweit! Genau dazu braucht es ein funktionierendes ERP-System.

Ich habe Mandanten, die können mir noch nicht einmal sagen, wie viel Umsatz sie weltweit mit den Key Accounts machen. Da schwankt die Zahl schnell mal in einem dreistelligen Millionenbetrag. Unglaublich, oder? Aber woran liegt das?

In vielen Unternehmen gibt es gar nicht die eine weltweit durchgängige ERP-Plattform. Häufig erlebe ich es, dass in 80 Prozent der Länder zwar SAP installiert und in Nutzung ist, aber eben 20 Prozent der Märkte nach wie vor per Excel gemanagt werden müssen.

Wenn Sie KAM nicht sofort komplett global umsetzen müssen, würde ich mich persönlich zu Beginn auf die größten Märkte/Landesorganisationen fokussieren, in denen in der Regel auch SAP vorhanden ist.

Neben dieser fehlenden einheitlichen Plattform erlebe ich es allerdings sehr häufig, dass KAM an einem sehr kleinen einfachen Element scheitert. Die Key Accounts sind im SAP schlichtweg nicht klar gekennzeichnet. Da gibt es Felder, wie „Topkunden“ oder andere, die entweder gar nicht genutzt oder in jedem Land wieder unterschiedlich interpretiert und genutzt werden.

Beschreiben Sie in Ihrem KAM-Handbuch eindeutig, wie die Key Accounts im ERP-System markiert werden müssen!

Customer Relationship Management (CRM) als zentrale Datenbank

Auch ein CRM-System, egal ob von Salesforce, SAP oder einem anderen Anbieter, ist heute mehr oder weniger Standard in den Unternehmen. Spannend zu sehen ist, wie unterschiedlich intensiv und gut so ein CRM-System im Unternehmen von den Führungskräften und insbesondere von den Vertriebsmitarbeitern und Key Account Managern gelebt wird. Von einer wahren Liebe kann hier fast nie die Rede sein. Dabei spielt das CRM-System im Key Account Management eine sehr wichtige, zentrale Rolle.

Hier werden alle Kontakte und die Kontaktdetails sowie sämtliche Geschäftsgelegenheiten (Business Opportunities) gepflegt und gemanagt. Mit dem CRM-System erfolgt das Pipeline/Forecast Management. Auch gezielte Informationskampagnen und Einladungen zu Veranstaltungen können so per Knopfdruck einfach umgesetzt und verschickt werden.

Key Account Plan (KAP) als übergreifende Strategie

Mit dem Key Account Plan kommen wir jetzt zu dem zentralen Strategiewerkzeug eines Key Account Managers beziehungsweise des Key Account Teams.

Das ERP- und auch das CRM-System bilden die solide Basis, um zahlenbezogene Entscheidungen treffen zu können (zum Beispiel die richtigen Key Accounts auszuwählen), die Opportunities professionell zu managen, gezielte Aktionen festzulegen und nachzuhalten sowie alle wichtigen Zahlen, Daten, Fakten über Personen zentral zu speichern. Aber es fehlt noch ein System, um den Key Account ganzheitlich zu analysieren, so Chancen und Risiken frühzeitig zu erkennen und daraus die richtigen, proaktiv ausgerichteten strategischen Ziele und Umsetzungsstrategien abzuleiten. Genau dafür nutzen wir den Key Account Plan.

Was ist ein Key Account Plan genau?

Der Key Account Plan ist ein strukturiertes Werkzeug, um einen Key Account ganzheitlich zu analysieren, Chancen und Risiken zu erkennen und daraus die richtigen strategischen Ziele und Maßnahmen abzuleiten. Ein Seminarteilnehmer hat es einmal sehr schön auf den Punkt gebracht:

Meine Frage: *„Was ist der Sinn und Zweck von einem Key Account Plan?“*

Seine Antwort: *„Einen Plan zu haben!“*

Diese einfache Antwort trifft genau ins Schwarze.

Ohne Key Account Plan sind viele Key Account Manager eher opportunistisch, kurzfristig und reaktiv unterwegs!

Die folgende Grafik zeigt dabei die Grundstruktur von einem guten Key Account Plan.

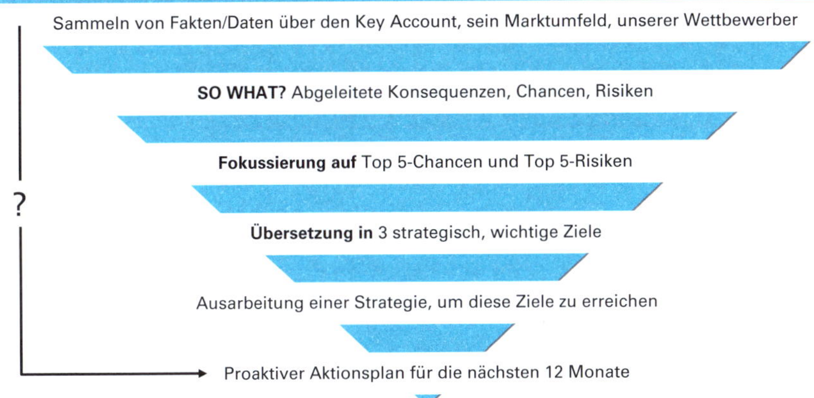

Abbildung 26: Struktur von einem Key Account Plan

Im Key Account Plan werden eine ganze Reihe von Analysepunkten systematisch beleuchtet:

- Wie ist der Key Account grundsätzlich strukturiert (in Divisionen oder Geschäftsbereichen)?
- Welche Top 3-Unternehmensziele verfolgt der Kunde?
- Welche Einkaufsstrategie setzt der Key Account um?
- Wie reagiert der Key Account auf die drei wichtigsten Veränderungen und Trends in seinem Marktumfeld?
- Wer sind die für uns wichtigsten Personen innerhalb der Key Account Organisation?
- Welche Produkte, Lösungen und Dienstleistungen haben wir beim Key Account bereits platziert?
- Wer sind unsere wichtigsten Wettbewerber aus Sicht des Kunden?
- Wie werden wir im Vergleich zu diesen Wettbewerbern heute vom Kunden wahrgenommen?
- …

Allein das Zusammentragen dieser Zahlen, Daten, Fakten auf wenige Seiten bringt Ihnen bereits einen ersten Mehrwert. In keinem CRM-System finden Sie all diese Daten komprimiert und übersichtlich zusammengefast.

In diesem ersten Schritt haben Sie allerdings „nur“ Daten gesammelt und damit eine weitere Datenbank geschaffen. Jetzt kommt der Schritt zwei im Key Account Plan zum Tragen. Die *„So what?“-Technik*! Hinter dieser etwas provokanten Fragestellung steckt ein sehr wichtiger Schritt auf diesem Weg zu Ihrer Strategie.

Hier ein Beispiel: Der Key Account hat im Rahmen seiner Einkaufsstrategie festgelegt, dass zukünftig für alle wichtigen Einkaufsteile eine Zweilieferantenstrategie umgesetzt und zukünftig lokal produzierende Lieferanten bevorzugt werden sollen.

Damit haben Sie etwas sehr Wichtiges herausgefunden. Die Frage ist nur „So what?“, welche Chancen oder auch Risiken und Konsequenzen ergeben sich daraus für Sie?

Wenn Sie heute der Alleinlieferant für einen Produktbereich sind und die Waren in einem anderen Land produziert werden, ergeben sich hier klare Risiken für Ihr zukünftiges Geschäft.

Wenn Sie heute allerdings in einem Produktbereich noch nicht sehr stark vertreten sind und die Produkte lokal produzieren würden, könnten Sie die Strategie des Kunden als Chance und Türöffner nutzen!

Sehen Sie, wie ein und derselbe Fakt ganz unterschiedliche Konsequenzen zur Folge hat? Genau diese „So what?“-Technik macht aus einem Stück Papier ein echtes Werkzeug. Damit wird vielleicht auch klar, warum ein KAP ergänzend zu einem CRM-System zu sehen ist.

Aus den „So what?“-Erkenntnissen leiten Sie anschließend Ihre wichtigsten Top 5-Chancen und Risiken ab. Aus diese Chancen und Risiken ergeben sich dann wenige (zum Beispiel drei) kurz- und mittelfristige, strategische Ziele. Anschließend braucht es noch einen Umsetzungsplan, um diese Ziele dann auch erreichen zu können. Teil dieser Umsetzungspläne können dann auch Projekte oder Opportunities werden, die Sie im CRM-System detailliert pflegen, managen und nachhalten.

Welches Format wird in der Praxis häufig genutzt?

In der Praxis hat sich Microsoft PowerPoint als vorrangiges Format bewährt, da Sie so schnell und einfach Informationen (die Sie zum Beispiel auf der Internetseite des Kunden finden) einpflegen können und PowerPoint auch als Präsentationsmedium in Teams hervorragend geeignet ist.

Gibt es eine starre Vorlage, die für alle gilt?

Um Key Account Management schlagkräftig umzusetzen, braucht es die „One language – one tool“-Philosophie. Das heißt, im Key Account Management gibt es ein einheitliches Verständnis über die wichtigsten „Vokabeln“ und einen einheitlichen Werkzeugkoffer. Daher gibt es auch EINE Key Account Plan Vorlage, die für alle gilt. Aber in der Praxis hat sich die 70-15-15-Regel als sehr hilfreich herausgestellt. Diese besagt:

- 70 Prozent der Key Account Plan Vorlage müssen 1 zu 1 genauso umgesetzt werden
(*Beispiele:* Analyse der wichtigsten Personen, UVP-Analyse, Ziele- und Strategiedarstellung, Touchpoint-Plan).
- 15 Prozent sind unterschiedlich, weil sich zum Beispiel die Key Accounts in unterschiedlichen Märkten bewegen.
(*Beispiel:* Key Accounts mit Industrieanwendungen im Vergleich zu Key Accounts als Handelspartner).
- 15 Prozent unterliegen der persönlichen Freiheit des Key Account Managers. Da entdeckt der Key Account Manager etwas Spannendes und Wichtigstes auf der Internetseite des Kunden und bindet es daher zusätzlich in den Key Account Plan ein, weil es ihm und dem Team beim Verständnis über den Key Account und bei der Strategieausarbeitung hilft.

Wer sollte den Key Account Plan „befüllen"/nutzen?

In meinen Key Account Management Seminaren antworten die Teilnehmer auf diese Frage meist sehr schnell und spontan: Der Key Account Manager! Aber nach einem kurzen Moment kommt auch eine zweite Option ins Spiel: das Key Account Team!

In der Praxis sehe ich sieben verschiedene Stufen, wie Key Account Pläne genutzt werden, und ich lade Sie ein, die Anwendung vom KAP in Ihrem Unternehmen einmal anhand der sieben Stufen selbstkritisch zu hinterfragen:

- **Stufe 1: Es gibt keinen Key Account Plan**
Ehrlich gesagt, kenne ich viele Unternehmen, die genau auf dieser Stufe hängen geblieben sind. Offiziell wurde ein KAM aufgesetzt, aber für die sogenannten wichtigen Key Accounts gibt es keinen Plan!
- **Stufe 2: Key Account Plan wird befüllt**
Der Key Account Plan wird vom Key Account Manager und/oder dem Innendienst einfach ausgefüllt, damit dieser befüllt ist. Es wird kein wirklicher Sinn in diesem Werkzeug gesehen und der KAP wird zur Pflichtaufgabe. Hinweis: Hier sehe ich gerade die Führungskräfte in der Verantwortung. Wenn Sie den KAP nicht vorleben und einfordern, wird der KAP niemals nachhaltig umgesetzt. Übrigens sind auch viele auf der Stufe 2 unterwegs, weil schlichtweg zu viele KAPs ausgefüllt werden sollen!
- **Stufe 3: Key Account Manager nutzt den Plan als Werkzeug**
Auf dieser Stufe hat der Key Account Manager den Mehrwert von einem KAP für sich erkannt und nutzt den Plan als Werkzeug, um Chancen und

Risiken zu erkennen, klare Ziele sowie eine Strategie zu erarbeiten und diese umzusetzen. Aber der KAP wird nur vom Key Account Manager allein genutzt!

- **Stufe 4: Key Account Team nutzt den Plan als Werkzeug**
  Auf dieser Stufe wird das Werkzeug im Team (bestehend zum Beispiel aus dem Key Account Manager, dem Innendienst und gegebenenfalls jemandem aus dem Regionalvertrieb) regelmäßig genutzt.
- **Stufe 5: KAP wird von der Führungskraft als Coaching-Instrument genutzt**
  Hier kommt die Führungskraft ins Spiel. Ich bin in Norddeutschland aufgewachsen und dort gibt es den Spruch: „Der Fisch stinkt vom Kopf!" Gerade im Key Account Management und insbesondere beim Key Account Plan trifft diese Aussage zu 100 Prozent zu. In allen meinen Projekten, in denen der KAP auch im Führungskreis verstanden und als Coaching-Instrument genutzt wird, erlebt die Umsetzung vom KAP einen regelrechten Boost.
- **Stufe 6: KAP wird in Auszügen auch beim Key Account genutzt**
  Diese Stufe ist meine Zielstufe. Hier nutzen Sie den Account Plan in Auszügen auch in Terminen mit und beim Key Account. Gerade in strategischen Jahresgesprächen lassen sich verschiedene Elemente aus dem KAP hervorragend einsetzen, um Neuigkeiten vom Key Account zu erfahren beziehungsweise die gemeinsame Geschäftsbeziehung auf das nächste Level zu bringen.
- **Stufe 7: KAP wird gemeinsam mit dem Key Account erarbeitet**
  Diese Stufe 7 wird in dieser Praxis nur sehr selten umgesetzt. Wenn Sie mit einem Key Account eine echte strategische Partnerschaft leben, dann können Sie auch die strategischen Ziele und Strategien gemeinsam erarbeiten.

Eine erprobte Vorlage für einen Key Account Plan finden Sie auch unter:
https://sieck-consulting.de/werkzeuge/key-account-plan-vorlage/

MS Teams als Kommunikationsplattform im Team

Es fehlt jetzt noch eine Plattform, um im Team einfach und schnell Neuigkeiten und Informationen auszutauschen. Gerade durch die Covid-19-Pandemie haben viele Unternehmen Microsoft Teams eingeführt und schätzen gelernt. Im Key Account Management nutzen zunehmend mehr Key Accounts Teams diese Plattform, um einen Ort zu haben, um auch tagesaktuelle Informationen auszutauschen. Übrigens könnte hier auch der Key Account Plan hinterlegt werden.

KAM für Start-ups und Solounternehmer – ein radikaler Vorschlag

Insbesondere für sehr kleine oder junge Unternehmen beziehungsweise Solounternehmer stellt sich eine kritische Frage: Was soll ich tun, wenn ich noch gar kein ERP- und CRM-System habe? Wie kann ich also KAM mit wenigen einfachen Standardwerkzeugen umsetzen?

In der Praxis hat sich dazu eine sehr smarte Lösung bewährt, die ich persönlich auch so nutze. Die Umsetzung erfolgt komplett mit Microsoft 365, also dem Standardpaket, welches wohl jeder von uns auf seinem Rechner hat.

Genutzt werden aus dem Paket vorrangig OneNote und Outlook.

Das Notizbuch OneNote dient dabei als zentraler Ort für alle Daten, Notizen, Gedanken und offenen Punkte. Hier wird alles Wichtige über den Key Account, die laufenden Opportunities und Projekte festgehalten. Einzelne Seiten in OneNote werden als Vorlage für die Kundenanalyse oder das Projektmanagement einmal festgelegt und dann immer wieder genutzt.

OneNote hat eine Eigenschaft, die nur von sehr wenigen Anwendern intensiv genutzt wird. Es handelt sich dabei um die Interaktion mit Outlook. Mit nur einem Klick können Sie aus einer OneNote-Notiz eine Outlook-Aufgabe machen. Mit nur einem Klick können Sie einen Outlook-Termin ins OneNote übernehmen, um daraus sehr einfach ein Besprechungsprotokoll zu machen.

Outlook nutzen Sie also als das zentrale Tool für alle Aufgaben, Termine und E-Mails. Darüber hinaus ist Outlook hier Ihre zentrale Datenbank für alle Kontakte.

Next Level KAM-Ideen

- Die Key Accounts werden international gleich im ERP-System als Key Accounts markiert.
- Wer diese Einstellung im ERP-System vornehmen muss und wie man es macht, ist allen involvierten Personen klar (zum Beispiel durch eine Beschreibung im KAM-Handbuch und durch eine klare Kommunikation an alle Head of Sales in den einzelnen Landesgesellschaften).
- Das CRM wird als zentrales Werkzeug für die Kontaktpflege, für Kampagnen und insbesondere für das Opportunity Management verstanden und genutzt. Diese Aussage trifft auf die Key Account Manager sowie auf die involvierten Führungskräfte zu!
- Für die Top Key Accounts gibt es **eine** einheitliche Key Account Plan Vorlage, die auch kontinuierlich weiterentwickelt wird.
- Für die Top Key Accounts gibt es einen aktuellen Key Account Plan.
- Für die Key Accounts wurden Räume in Teams eingerichtet, um so eine effiziente Kommunikation in den KAM Teams sicherzustellen.

8. Mit den richtigen Kennzahlen das KAM steuern

Kernaussagen

- Die Steuerung im Key Account Management geht über eine reine Vertriebssteuerung mit Umsatz, Absatz und Ergebnis hinaus.
- Bewährt hat sich der mehrdimensionale Ansatz einer Balanced Scorecard, um auch weitere Perspektiven zu berücksichtigen.

„If you can't measure it, you can't manage it!"

Dieses einfache wie einleuchtende Credo gilt es, gerade auch in Key Account Management Strukturen zu beherzigen. Nachhaltiger Erfolg für Ihr Unternehmen ist am Markt nur dann zu erzielen, wenn Ihre Strukturen und Prozesse stetig einer Kontrolle und Überprüfung im Hinblick auf Effizienz, Marktgerechtigkeit und Rendite unterzogen werden. Ein optimiertes und ständig weiterentwickeltes KAM und Vertriebsmanagement ist Garant für Ihren Erfolg am Markt und die Erzielung gesunder Erträge. Ein gezieltes Controlling von KAM und Vertrieb ist daher auch für Ihr Unternehmen notwendig, um ständig konkrete Anstöße für Verbesserungen in der gesamten Beziehung zum Kunden zu geben. Die Kernfragen dieser achten Dimension eines exzellenten Key Account Managements lauten daher:

Mit welchen Messgrößen wollen Sie Ihr KAM steuern? Woran machen Sie konkret fest, dass Ihr KAM-Programm erfolgreich ist?

Im klassischen Vertrieb nutzen wir heute eine Vielzahl von Kenngrößen, die uns dabei unterstützen, die Vertriebsorganisation zu steuern und den Erfolg der Vertriebsaktivitäten zu überprüfen. Dadurch stehen zum Beispiel die Umsatz- und Deckungsbeitragsergebnisse in der Regel auf jedem Vertriebsmeeting im Fokus. Reichen diese Kenngrößen nun aus, um ein Key Account Management zu steuern? Die Antwort lautet aus meiner Sicht ganz eindeutig: NEIN! Wenn Sie Ihr KAM ausschließlich mit diesen Kennzahlen steuern, bleibt Ihr KAM ein reiner Vertriebsansatz. Das kurz- bis mittelfristige „Verkaufen" steht dann im Fokus. In vielen Projekten haben sich vier Dimensionen herauskristallisiert.

Abbildung 27: Balanced Scorecard (BSC) im KAM

Diese vier Dimensionen basieren im Kern auf einem klassischen Balanced Scorecard-Ansatz.

Dimension 1: direkte Erfolgsmessung (Finanzperspektive)

Diese Perspektive fokussiert sich sehr stark auf die vertriebliche Seite von Ihrem KAM-Programm.

Typische Kennzahlen sind:

- Auftragseingang und/oder Umsatz
- Ergebnis (meist Deckungsbeitrag I oder II)
- Absatzmenge
- Lieferanteil (Share of Wallet)
- Anteil neuer Produkte am Gesamtumsatz
- Anzahl Artikel, die beim Key Account zur Anwendung kommen
- Anzahl Kundentermine
- Anzahl Angebote
- Verhältnis Aufträge zu Angeboten
- …

Beispiel: Viele Unternehmen haben sich klare Umsatzziele im KAM gegeben. Lautet eines Ihrer Ziele, den Umsatz im KAM bis 2025 zu verdoppeln, so werden Sie definitiv den Umsatz und den Grad der Erfüllung dieser Zielvorgabe als Messgröße im KAM nutzen.

Dimension 2: interne Perspektive/Key Account Management

Bei der internen Prozessperspektive geht es, wie der Name es schon vermuten lässt, um die eigenen firmeninternen Prozesse und Abläufe und Ihr Key Account Management. Insbesondere bei der Einführung von Key Account Management ist diese Dimension durchaus wichtig, da die Abläufe und die Anforderungen an die Prozesse im (internationalen) KAM sehr hoch sind.

Typische Kennzahlen sind:

- Anzahl der KAM Länder mit SAP-Anbindung (wichtig für die internationale Steuerung im KAM!)
- Anzahl Key Account Team Treffen (Workshops, regelmäßiger Austausch per MS Teams, ...)
- Aktualität des Key Account Plans
- Anzahl Key Account Plan Reviews auf Managementebene
- Anzahl durchgeführter Win bid-/Loss bid-Analysen
- Aufwand von Rahmenverträgen oder Angeboten auf internationaler Ebene
- Dauer der Beantwortung oder Umsetzung von Key Account Anfragen bezüglich Muster, Produktanpassungen
- Logistikoptimierung (Verkürzung Lieferzeiten, ...)
- ...

Beispiel: Einen Rahmenvertrag in einem Land auszuarbeiten, ist eine Sache. Dieses auf internationaler Ebene zu tun, eine ganz andere. Da die Anforderungen der Key Accounts bezüglich der Geschwindigkeit kontinuierlich zunehmen, gilt es, den Prozess von der Anfrage bis zur Unterzeichnung von einem internationalen Rahmenvertrag kontinuierlich weiterzuentwickeln, um schneller und „fehlerfreier“ zu werden.

Ein Unternehmen könnte hier beispielhaft auf folgende Kenngrößen zurückgreifen:

a) Dauer Erstellung Rahmenvertrag (in Tagen)

b) Aufwand Erstellung Rahmenvertrag (in Mannwochen)

Dimension 3: Kundenperspektive

Diese Dimension berücksichtigt die Perspektive aus Sicht des Key Accounts. Es geht dabei einerseits darum, wie der Key Account die Beziehung/die Partnerschaft zu Ihnen messen würde, und andererseits auch um die Frage, mit welchen Messgrößen Sie qualitativ Ihre Aktivitäten auf der Key Account Seite überprüfen können.

Typische Kennzahlen sind:

- Lieferantenstatus
- Lieferantenbewertung (zum Beispiel in Punkten)
- Kundenzufriedenheitsindikator
- Anzahl der gemeinsamen Entwicklungsprojekte
- Anzahl der Reklamationen
- ...

Beispiel: Ihre Key Accounts sind vornämlich global agierende Konzerne mit klaren Einkaufsstrategien. Um Ihre Geschäfte nachhaltig entwickeln zu können, benötigen Sie zwei Dinge: den Status eines „Preferred Suppliers" sowie eine Mindestpunktzahl in der Lieferantenbewertung. Ohne diese Grundvoraussetzungen haben Sie bei zukünftigen Projekten keine Chance. Als Konsequenz daraus ergeben sich zwei klare Messegrößen für diese Kundenperspektive:

1. Lieferantenstatus
2. Lieferantenbewertungen

Dimension 4: Zukunft zwei Jahre +

Key Account Management verfolgt einen mittel- bis langfristigen Ansatz. Im Tagesgeschäft fallen viele KAM-Programme dann aber doch zurück in einen eher kurzfristigen, taktisch orientierten, reaktiven Ansatz. Um das zu vermeiden, nutzen einige Unternehmen bewusst Kennzahlen, die eine Erfolgsmessung auf langfristiger Sicht betreiben.

Typische Kennzahlen sind:

- Anzahl der Innovationsworkshops mit dem Key Account
- Anzahl neuer Themen, Lösungen, die wir bei Key Accounts platzieren
- Anzahl gemeinsamer Entwicklungsprojekte

- Anzahl von potenziellen Ausschreibungen vom nächsten/übernächsten Jahr, an denen wir heute schon dran sind
- …

Beispiel: Die Test- und Freigabeprozesse Ihrer Kunden sind sehr aufwendig und lang. Nur wenn Sie bereits heute neue Produkte platzieren, dann beim Key Account im Test- und anschließend im Freigabeprozess haben, werden Sie auch in zwei Jahren zusätzlichen Umsatz generieren können. Als Konsequenz daraus ergeben sich zwei klare Messgrößen für diese Kundenperspektive:

1. Anzahl der Innovationsworkshops
2. Anzahl der Produkte im Test- und Freigabeprozess

Springen Sie bitte noch einmal zur ersten Dimension zurück. Dort hatten Sie konkret festgelegt, was Sie mit Ihrem Key Account Management Programm erreichen wollen.

1. Anhand welcher fünf bis maximal zehn Messgrößen können Sie überprüfen, dass Sie Ihre KAM-Ziele erreicht haben?
2. Wie würden Sie diese Messgrößen anhand der Balanced Scorecard gruppieren?
3. Wie werden Sie diese Messgrößen in Ihrem Unternehmen erheben können?
4. In und mit welchem System werden Sie die BSC in Ihrem Unternehmen umsetzen?

Diese BSC können Sie in Ihrem Key Account Management auf zwei Ebenen umsetzen. Als Leiter KAM nutzen Sie dieses mehrdimensionale System, um das gesamte KAM-Programm zu überprüfen und zu steuern. Als Key Account Manager nutzen Sie genau dieselbe Methodik, um Ihr KAM auf Key Account Ebene zu steuern. Damit wird auch noch einmal mehr deutlich, dass die Zielvorgaben für die Key Account Manager über Umsatz und Deckungsbeitrag hinausgehen müssen!

Steuern von Landesgesellschaften im globalen KAM

Insbesondere im global aufgestellten Key Account Management wird die einheitliche, international ausgerichtete Steuerung des Unternehmens zu einem kritischen Erfolgsfaktor. Daher hier zwei Alternativmodelle, wie sie einige Unternehmen nutzen, um die Landesgesellschaften in Bezug auf das KAM zu steuern.

Alternative 1: der „Big Picture"-Ansatz"

Bei dieser Alternative erhält der Chef der Landesgesellschaft (der Country Head) lediglich einen Rahmen für das Key Account Management.

Beispiele:

- Umsatz mit (global benannten) Key Accounts > x €
- Country Head muss die Key Accounts mindestens zweimal pro Jahr besuchen
- Aufbau von x neuen nationalen Key Accounts

Wie der Landeschef die genaue Umsetzung gestaltet, liegt frei in seiner Hand. Wenn er der Meinung ist, dass er diese Ziele mit dem Key Account A leichter erreichen kann als mit dem Key Account B, wird er auch die Ressourcen im Unternehmen mehr auf A fokussieren. Konsequenz könnte sein, dass durch die fehlende Aufmerksamkeit für B bei diesem Key Account Geschäfte in anderen Ländern in Gefahr geraten. Mit dem zweiten Modell versucht man, genau diese Schwachstellen zu vermeiden.

Alternative 2: der „Account-Ansatz"

Diese Alternative geht einen Schritt weiter und berücksichtigt auch einzelne Ziele auf Account Ebene. Dieses Modell ist insbesondere dann zu bevorzugen, wenn Dinge umzusetzen sind, die zu keinem UMSATZ in dem entsprechenden Land führen.

Beispiel: Die technische Lösung wird mit dem Key Account in Polen ausgearbeitet, da dort das entsprechende Kompetenzzentrum des Kunden ansässig ist. Umsätze werden aber ausschließlich in den Werken des Key Accounts in Italien und China erzielt. Das heißt, dass die polnische Gesellschaft Ressourcen und Energie aufwenden muss, OHNE einen Euro Umsatz dadurch zu erzielen!

Beispiel:

Key Account	Ziel 2024
Key Account 1	Platzieren von Produkt A und mindestens B Euro Umsatz.
Key Account 2	Lösung C ist im Kundenprojekt D als eine der beiden Lösungsalternativen platziert (ohne diese Listung können keine Umsätze in den Werken E, F und G erzielt werden).
...	

Next Level KAM-Ideen

- Nutzen Sie mehrdimensionale Kriterien zur Steuerung Ihres KAM-Programms (jenseits der klassischen Vertriebskennzahlen).
- Wenn Sie schon ein Kennzahlen-Cockpit haben: Überprüfen Sie dieses und vereinfachen Sie das Cockpit, so weit wie es geht und möglich ist. Hier sammelt sich im Laufe der Jahre auch immer mehr alter Ballast an.
- Führen Sie international eine Steuerung (inklusive Zielvorgaben) auf Key Account Ebene ein.

Teil 4

KAM agil und professionell einführen

„Wenn ich nochmals mit der Realisierung eines Global Account Management-Programmes beauftragt würde, würde ich von Beginn an viel mehr Wert auf die interne Kommunikation legen“.

Rupert Hilti, ehemaliger Leiter GAM bei Hilti[2]

Dieses Zitat von Rupert Hilti trifft einen, wenn nicht den entscheidenden, kritischen Erfolgsfaktor bei der Einführung von Key Account Management auf den Punkt. Die Einführung von KAM ist immer ein *Change Management-Projekt*. Jede Einführung geht mit Veränderungen einher und Sie treffen damit auch immer auf Ängste, Vorbehalte, Machtverluste auf der einen und jede Menge Chancen auf der anderen Seite. Die Einführung als Projekt zu verstehen und die Notwendigkeit zu erkennen, alle relevanten internen Spieler frühzeitig in dieses Projekt einzubinden, wird der Schlüssel zum Erfolg.

---

2 Zitat aus den Seminarunterlagen von Prof. Dr. Dirk Zupancic – Strategisches Key Account Management (Euroforum 2016).

1. Kritische Erfolgsfaktoren für eine erfolgreiche und nachhaltige Einführung von KAM

Im Folgenden habe ich für Sie einige kritische Erfolgsfaktoren ausgewählt, die bei jeder KAM-Einführung eine essenzielle Rolle spielen. Sehr häufig scheitert KAM an gefühlt banalen, einfachen Dingen, die so klar und selbstverständlich erscheinen, aber in der Praxis viel zu wenig berücksichtigt werden.

Die KAM-Einführung ist ein Change Management-Projekt

Bereits bei diesem ersten Erfolgsfaktor klaffen häufig Wissen, Bewusstsein und Handeln stark auseinander. Jeder weiß, dass die Einführung eines KAM ein Change Management-Projekt ist, aber nur sehr wenige berücksichtigen diesen Aspekt auch konsequent.

Was verbinden Sie mit dem Begriff „Change Management"? Für mich steht dieser Begriff für:

- tiefgreifende Veränderungen der Organisation, der Strukturen und Arbeitsweisen,
- Ängste, da wir gewohnte Vorgehensweisen ändern sollen beziehungsweise müssen,
- Angst, den eigenen Job oder zumindest Einfluss zu verlieren,
- Angst, Kunden abgeben zu müssen, die ich über einen längeren Zeitpunkt mühsam aufgebaut und entwickelt habe,
- das Gefühl von Machtverlust, weil da plötzlich eine neue Abteilung ins Spiel kommt, die Kunden aus dem Flächen-/Regionalvertrieb übernimmt.

Vielleicht werden Sie jetzt anmerken, dass in meiner Liste oben ein ganz wichtiger Aspekt fehlt, nämlich dass Change auch immer Chancen beziehungsweise positive Veränderungen und Impulse mit sich bringt. Mit dieser Aussage haben Sie absolut recht, die Frage ist nur, welche Gefühle bei den meisten Menschen in der Unternehmensorganisation vorherrschen. Wir Menschen verändern uns nicht gern! Bei der Einführung von KAM gibt es meist mehr Zweifler als Chancenerkenner!

Damit ergibt sich jetzt die spannende Frage nach den Konsequenzen aus den obigen Erkenntnissen.

Auch hier wieder ein paar Ideen und Impulse aus der Praxis:

- Kommunizieren Sie frühzeitig und offen, warum Sie KAM einführen wollen respektive müssen. Das WARUM ist an dieser Stelle extrem wichtig. Wir Menschen sind offener für Veränderungen, wenn wir die Notwendigkeit erkannt haben!
- Binden Sie frühzeitig alle relevanten Führungskräfte beziehungsweise Stakeholder mit ein. Dazu zählen für mich bei einem globalen KAM insbesondere ausgewählte Führungskräfte aus den Ländern (Country Manager, Sales Directors, ...)
- Sie werden niemals alle begeistern können. Es wird immer ein paar Grundzweifler geben. Starten Sie daher in einer Gruppe der Willigen und schaffen dort schnell erste Erfolge, die dann zu einem Sogeffekt führen. *Beispiel:* Sie führen KAM in einer ersten Phase „nur" in den fünf größten Ländern ein. Die Erfolge werden anschließend die weiteren Landesorganisationen dazu bewegen, dass diese auch ein Teil der Story werden wollen.
- Führen Sie KAM in einem Bereich ein, den Sie auch unter Kontrolle haben. *Beispiel:* Wenn Sie KAM einführen wollen und Ihre Firmenzentrale in Deutschland ist, starten Sie in einem kleineren, abgegrenzten geografischen Bereich, wie zum Beispiel Europa, der DACH-Region oder mit Personen aus Landesorganisationen, zu denen Sie einen direkten und guten Draht haben. Was nützt es, wenn Sie KAM global einführen können, aber gerade zu Beginn keinen Durchgriff und keine Ahnung davon haben, was Ihre lieben Kollegen in Brasilien oder Indien wirklich treiben.

Die Grundvoraussetzung: die Geschäftsführung steht hinter KAM

Ohne diesen Erfolgsfaktor wird eine erfolgreiche und nachhaltige Einführung von Key Account Management niemals gelingen. Es braucht ein klares Signal und ein starkes Commitment der Geschäftsführung. Die Devise *„Wir probieren das mal ein bisschen!"* funktioniert hier nicht! Wenn das Topmanagement die Zweifler und Nörgler gewähren lässt oder im schlimmsten Fall diese sogar inhaltlich und moralisch unterstützt, haben Sie verloren!

Idealerweise gibt es für das Projekt „KAM-Einführung" einen Sponsor, einen Paten auf Senior Management-Ebene.

Praxisbeispiel

In einem Projekt wurde die KAM-Einführung klar als eine der neun strategischen Initiativen des Unternehmens definiert und kommuniziert. Damit verbunden war auch hohe Aufmerksamkeit und Unterstützung aus dem Topmanagement heraus für die KAM-Einführung. Der Sponsor aus der Geschäftsführung hat sich immer wieder aktiv in Veranstaltungen eingebracht und diese zum Beispiel eröffnet, um die Bedeutung von KAM zu unterstreichen.

Die meisten KAM-Programme scheitern an den Führungskräften!

Dieser Erfolgsfaktor ist so traurig wie nachvollziehbar. Viele KAM-Programme scheitern bereits in der Einführungsphase, weil einige Führungskräfte den KAM-Ansatz nicht unterstützen beziehungsweise ihn sogar aktiv bekämpfen. Der Grund dafür liegt meist schlichtweg im gefühlten oder auch real gegebenen Machtverlust!

Damit verbunden ist eine sehr wichtige Kernaussage:

Wenn Sie KAM einführen wollen, gilt es, den Fokus auf die Einbindung und Gewinnung der Führungskräfte zu legen. Key Account Management-Schulungen für die Key Account Manager sind zweitrangig! Punkt!

Dazu zwei Beispiele aus der Praxis:

- Fall 1: Das ist mal wieder so ein Headquarter-Projekt. Das geht vorbei!
  In einem Projekt durchlaufen über 100 nationale Key Account Manager weltweit mehrere aufeinander aufbauende Key Account Management Trainingsmodule. Die Teilnahme ist für jeden Key Account Manager Pflicht. Nach den Seminaren fliegen die Teilnehmer motiviert und inspiriert zurück in Ihre Heimat. Dort wollen sie den KAM Gedanken auch gleich direkt umsetzen, einen Key Account Plan erarbeiten und sich auch sonst auf die Top 3-Kunden fokussieren. Sie ahnen es schon, was jetzt kommt. Der Country Manager beziehungsweise die lokale Führungskraft hält nicht sonderlich viel von KAM. Der Sales Director in dem Land ist eher noch ein Vertriebsleiter der alten Garde: viele Kunden, 25 Kundenbesuche pro Woche, viele Angebote. Da der nationale KAM disziplinarisch am Sales Director angehängt ist, wird vor Ort die Betreuung der KAM Kunden überhaupt nicht unterstützt, und nach kurzer Zeit ist aus dem Strohfeuer KAM eher Frust bei den Mitarbeitern geworden. Sie wollen KAM leben, dürfen es aber nicht!

- Fall 2: Die Führungskräfte wollen zwar, haben es aber nicht zu 100 Prozent verstanden. (Ich gebe zu, dass dieser Satz schon recht hart formuliert ist. Lassen Sie mich daher mit einem positiven Praxisbeispiel starten.)

Praxisbeispiel

Im Rahmen einer globalen KAM-Einführung werden zuerst Workshops mit allen Country Managern und Sales Direktoren der 25 größten Landesorganisationen durchgeführt. Diese sind für die Auswahl der nationalen Key Accounts verantwortlich und sollen zukünftig mit ihren Teams den globalen KAM-Ansatz unterstützen. Durch diese Workshops ist sichergestellt, dass alle Führungskräfte auf einem Wissensstand sind und damit in der Lage sind, den KAM Gedanken vor Ort umzusetzen. Erst in einem zweiten Schritt durchlaufen alle Key Account Manager die KAM-Trainingsakademie.

Ich kann Sie nur ermutigen, dieses Praxisbeispiel zu kopieren. Führen Sie diese Führungskräfte-Workshops durch. Durch den Einsatz von Microsoft Teams ist das heute auch ohne großen Aufwand möglich, und in einem kleineren Team können Sie in einem zwei- bis vierstündigen Termin jede Menge Punkte erläutern, offene Fragen aus den Ländern aufnehmen und kritische Punkte klären.
ABER: Einer meiner größten Lernpunkte ist:
Sie glauben, dass die Führungskräfte es verstanden haben, tun sie aber nicht! Nehmen wir das Praxisbeispiel von oben. Nach dem ersten vierstündigen Workshop scheinen alle Führungskräfte ihre Rolle und die nächsten notwendigen Aufgaben verstanden zu haben. Die Führungskräfte sollen die nationalen Key Accounts auswählen und später auch noch die Key Account Pläne einem Review unterziehen.
Acht Wochen später überprüft der Head of Key Account Management die Liste der Key Accounts und traut seinen Augen nicht. In einigen Ländern gibt es scheinbar nur zwei nationale Key Accounts und in anderen 498. Im Führungskräfte-Workshop war eigentlich abgestimmt, dass sich jedes Land auf maximal zehn Key Accounts fokussiert und diese dann auch im SAP als Topkunden markiert. Als Konsequenz wird ein Follow-Termin zum Workshop einberufen – und siehe da, so ganz klar waren die Punkte dann doch nicht für alle Führungskräfte. Dieselbe Situation erleben wir auch zum Thema Key Account Plan Review. Eigentlich müsste klar sein, wann und wie diese Reviews durchgeführt werden sollen, aber insbesondere am Anfang läuft es dann doch nicht so ganz rund! Daher meine klare Empfehlung für Ihr Projekt: Führen Sie mehrere Workshops mit den Führungskräften durch und begleiten diese aktiv in den ersten Schritten der KAM-Umsetzung. Machen Sie es den Führungskräften so leicht wie möglich und nehmen Sie sie aktiv mit auf der Reise zur KAM-Einführung.

KAM kann man nicht delegieren!

In einigen Projekten habe ich den Eindruck, dass man sich die Einführung und Umsetzung von Key Account Management doch recht einfach vorstellt. Im Handbuch fokussieren wir uns auf die Auswahl der Key Accounts, die besten Verkäufer werden zu Key Account Managern und erhalten noch ein Zweitagestraining beim Sieck. Fertig! So funktioniert das nicht. Sie können die Einführung von Key Account Management nicht auf die Mitarbeiterebene delegieren. Das Einführen von KAM ist eine Leadership-Aufgabe!

Weniger Key Accounts sind mehr

Wenn Unternehmen KAM einführen, kommt es immer wieder zu demselben Phänomen: Die Anzahl der Key Accounts ist viel zu hoch. Starten Sie mit wenigen Key Accounts in die Prototyping-Phase und erst danach folgt der Roll-out auf eine größere Anzahl von Key Accounts.

Kommunizieren – kommunizieren – kommunizieren

Schaffen Sie von Anfang an Transparenz. Wieso müssen beziehungsweise wollen Sie Key Account Management einführen? Wie wird es eingeführt und welche Chancen aber auch Veränderungen kommen auf die Organisation zu? Nur so bekommen Sie den Flurfunk in den Griff!

KAM ist ein langfristiges Investment

Das Ziel von Key Account Management ist, mittel- bis langfristig das Geschäft zu sichern beziehungsweise auszubauen. KAM braucht ein starkes Beziehungsnetz zu den Key Accounts. Eine tragfähige Beziehung zum Kunden aufzubauen, die auch mal kleinere Niederschläge verkraftet, benötigt zwischen drei und fünf Jahren. Das bedeutet, Sie müssen dem KAM-Projekt Zeit geben, bis sich die ersten Erfolge einstellen. Kurzfristige „Quick Wins" sind schön, aber nicht immer möglich.

KAM-Einführung kostet Geld

Ein systematisches KAM einzuführen, kostet Ressourcen und dementsprechend am Ende Geld. Gerade für die Einführung braucht es eine Reihe von Workshops und auch Trainings. Wer hier spart, endet meist in einer klassischen „KAM bei Chef-Ansage"-Falle. Das heißt, der Chef hat zwei bis drei Mitarbeitern gesagt, dass diese jetzt Key Account Manager sind. Doch was sie tun müssen, ist jedem selbst überlassen. Der Rest der Organisation macht so weiter wie bisher, und am Ende wundert sich jeder, warum der Key Account Management-Ansatz keinen Erfolg zeigt!
Wenn Sie Key Account Management als ganzheitlichen Unternehmensansatz einführen wollen, gibt es darüber hinaus noch folgende Erfolgsfaktoren:

KAM ist ein ganzheitlicher Unternehmensansatz

Einer der größten Irrglauben im Key Account Management ist sicherlich der, dass KAM viele für eine Sonderform des Vertriebes halten. Zugegeben, KAM hat große Auswirkungen auf den Vertrieb und der Key Account Manager arbeitet im Vertrieb. Letztlich hat die Einführung aber auch Auswirkungen auf Bestellabwicklungen, Serviceleistungen, die Logistik und mehr. Das bedeutet: Richten Sie Ihre gesamte Organisation auf die Key Accounts aus und fokussieren Sie sich nicht nur auf den Vertrieb.

Frühzeitig angrenzende Bereiche einbinden

Die Praxis zeigt, dass Unternehmen besonders dann die Einführung und auch Weiterentwicklung von KAM sehr wirkungsvoll umgesetzt haben, wenn alle betroffenen Bereiche frühzeitig in die Konzeptphase eingebunden wurden. Wer etwas mitgestaltet hat, wird später weniger zu „meckern" haben. Dieser Punkt gilt selbstverständlich auch für Mitarbeiter innerhalb des Vertriebes. Binden Sie einige Mitarbeiter proaktiv ein, die aufgrund ihrer Erfahrung und Fähigkeiten oder auch aufgrund ihrer Reputation in der Mannschaft das KAM bereichern können.

2. KAM-Einführung in vier Phasen

Zur Einführung und kontinuierlichen Weiterentwicklung der KAM Strukturen hat sich in der Praxis ein Vier-Phasen-Modell bewährt (siehe die folgende Abbildung).

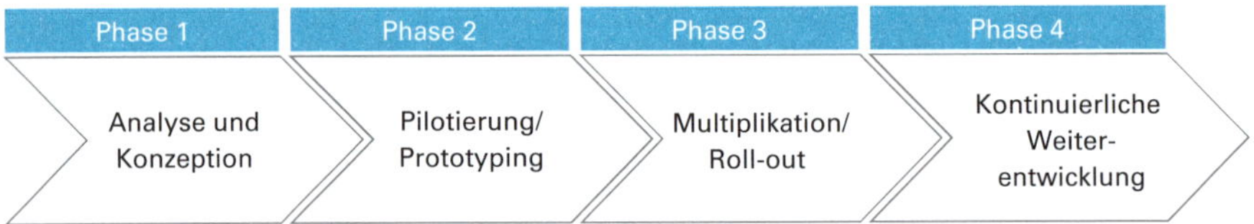

Abbildung 28: Vier-Phasen-Modell zur KAM-Einführung

Phase 1: Analyse und Konzeption

In dieser Phase werden die Veränderungen am Markt und im eigenen Unternehmen einer Bestandsaufnahme unterzogen und das unternehmensspezifische Key Account Management Konzept entsprechend der acht Dimensionen aus dem Kapitel „Das KAM Excellence-Modell" ausgearbeitet. Am Ende steht Ihr Key Account Management Handbuch, welches klar Ihre Zielausrichtung und Ihren spezifischen KAM-Ansatz beschreibt.

Phase 2: Pilotierung/Prototyping

Nachdem in der Phase 1 das Key Account Management Programm konzeptionell ausgearbeitet wurde, folgt jetzt die Einführung und Umsetzung im eigenen Unternehmen sowie in der Schnittstelle zu den Key Accounts. Da es sich bei den Key Accounts um die strategisch wichtigen Accounts handelt, haben Fehler im KAM-Konzept meist einen durchschlagenden Effekt auf Ihren Unternehmenserfolg. Daher ist es empfehlenswert, die Einführung Schritt für Schritt durchzuführen. Das heißt, es gibt eine fokussierte Einführung/Pilotierung bezogen auf einen Key Account, eine Niederlassung oder eine Landesgesellschaft. Basierend auf den Erfahrungen aus diesem „Piloten" können Sie anschließend Ihr KAM-Konzept noch einmal korrigieren oder auch direkt in den Roll-out gehen.

Phase 3: Multiplikation/Roll-out

Das KAM-Konzept wurde „getestet" und gegebenenfalls haben Sie Anpassung vorgenommen. Jetzt gilt es, das ausgearbeitete Konzept in einem Unternehmensbereich oder im gesamten Unternehmen vollständig umzusetzen.

Phase 4: kontinuierliches Überprüfen und Weiterentwickeln

Diese Phase 4 wird in der Praxis sehr häufig etwas stiefmütterlich behandelt. Wir setzen alle gern voraus, dass der Leiter KAM für die Weiterentwicklung des Key Account Managements verantwortlich ist. Doch nimmt er sich auch genügend Zeit dafür? Setzen wir uns wirklich regelmäßig zusammen, um das eigene KAM-Konzept einer Überprüfung zu unterziehen? Hier dazu noch einmal der Tipp, dass jemand im Unternehmen die Rolle des „KAM Development und Supports" übernimmt (siehe Kapitel „Wer kümmert sich bei Ihnen im Unternehmen eigentlich um die Weiterentwicklung vom KAM?").

Die Phasen 1 bis 3 werden in diesem Kapitel noch weiter vertieft. Da diese Phase 4 nach der Einführung zum Tragen kommt, wird diese tiefergehend im Kapitel „Key Account Management kontinuierlich weiterentwickeln" behandelt.

Die folgende Abbildung zeigt exemplarisch einen Projektplan zur Einführung von Key Account Management in einem Unternehmen. Nach einer Konzeptphase von circa vier Monaten erfolgt eine Pilotierung über einen Zeitraum von sechs Monaten. Dabei wird das KAM-Konzept für zwei ausgewählte Key Accounts angewendet. Zum Beispiel auf einen global und einen national ausgerichteten Key Account. Am Ende dieser Prototyping-Phase steht dann das finale KAM-Konzept und somit startet der Roll-out nach circa zwölf Monaten. Ein Jahr nach dem Roll-out wird bereits zu Beginn der Einführung ein fester Termin zur Überprüfung des KAM-Konzeptes festgelegt. Mit diesem letzten Meilenstein stellen Sie sicher, dass Sie gleich in die kontinuierliche Weiterentwicklung Ihres KAM-Programms einsteigen.

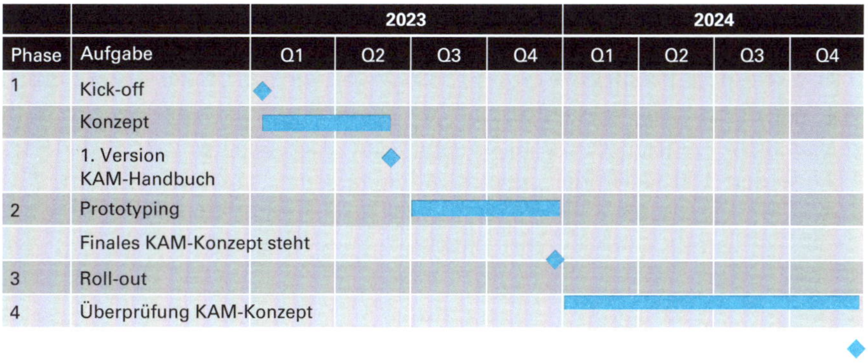

		2023				2024			
Phase	Aufgabe	Q1	Q2	Q3	Q4	Q1	Q2	Q3	Q4
1	Kick-off								
	Konzept								
	1. Version KAM-Handbuch								
2	Prototyping								
	Finales KAM-Konzept steht								
3	Roll-out								
4	Überprüfung KAM-Konzept								

Abbildung 29: Projektplan KAM-Einführung

Im Folgenden werden die Hauptbestandteile der einzelnen Phasen hinsichtlich der Ziele und benötigten Zeiten kurz beschrieben.

Phase 1: Konzeptphase

Das Projektteam

Starten wir gleich mit einer ersten, sehr spannenden Frage: Wer erarbeitet eigentlich das unternehmensspezifische Key Account Management Konzept? Viele unterschätzen den Aufwand, um ein seriöses Konzept auf die Beine zu stellen. Wird das KAM-Konzept ausschließlich vom Leiter Key Account Management aufgesetzt und gestaltet, so ist das Ergebnis in allen Unternehmen gleich. Es greift das „Not invented here"-Syndrom! Jeder Bereich fühlt sich im Konzept nicht richtig eingebunden und daher wird das Konzept auch mit Händen und Füßen bekämpft! Ein Scheitern ist vorprogrammiert. Daher lautet die klare Empfehlung: Setzen Sie ein kleines, aber schlagkräftiges Team zusammen, welches das KAM-Konzept von morgen gemeinsam gestaltet und auch die verschiedenen Sichtweisen und Anforderungen berücksichtigt.

Hier ein Vorschlag aus der Praxis:

- Leiter KAM
  Wenn der zukünftige Leiter des neu ausgestalteten Key Account Managements nicht zu 100 Prozent hinter dem Konzept steht, wird es schwer. Daher muss der Leiter KAM im Team für mich zwingend dabei sein. Wenn es diese Position heute noch nicht gibt, ist es die Person, die diese Rolle zukünftig ausführen wird.

- Ein bis zwei Key Account Manager
  Auch wenn Sie Key Account Management heute noch nicht offiziell umgesetzt haben, so gibt es in der Regel schon Personen, die sich auch heute schon um die wichtigsten Kunden gekümmert haben oder eine Art Key Account Manager Funktion in der Vergangenheit übernommen haben.

- Leiter Flächen-/Regionalvertrieb
  Ja, auch diese Perspektive ist im Projekt sehr wichtig. In der Regel werden später die einzelnen Standorte nicht notwendigerweise vom Key Account Manager, sondern eher von Personen aus dem Flächenvertrieb betreut. Außerdem werden in der Regel Kunden aus dem Flächenvertrieb ins Key Account Management überführt. Gerade für diesen Punkt brauchen Sie das „Buy-in" vom Leiter Vertrieb, um nicht ständig Gegenwind zu erfahren.

- Leiter Innendienst
  Im KAM bilden die drei zuletzt genannten Abteilungen in der Regel das Kernteam (Key Account Manager, Innendienst, Flächenvertrieb). Daher muss auch die Innendienstperspektive im Projektteam vertreten sein.

- Landesorganisation?
  Wenn Sie KAM auf internationaler oder auch globaler Ebene einführen, braucht es den Input und die Perspektive der ausländischen Landesgesellschaften. Für die Konzeptphase empfiehlt es sich, die ein bis zwei wichtigsten Märkte oder auch bewusst eine große und eine kleine Landesorganisation einzubinden.
- Einen externen Berater?
  Entschuldigen Sie, dass ich hier noch meine Zunft ins Spiel bringe, aber es macht durchaus Sinn, einen neutralen externen Experten mit ins Team aufzunehmen. Dieser Experte bringt Struktur und externe Impulse wie auch Best-Practice-Beispiele ins Projekt und hilft Ihnen so, auch typische Fehler zu vermeiden. Wichtig: Dieser Berater darf niemals der Projektleiter sein. Die Projektführung muss unternehmensintern bleiben!

Im Verlauf der Konzeptphase werden dann noch weitere Funktionen aus dem Unternehmen eingebunden. Diese Einbindung erfolgt aber themenspezifisch. Im Folgenden erhalten Sie dazu auch noch ergänzende Hinweise.

Themenbereiche beziehungsweise Teilprojekte

Hier ein Überblick über die Teilprojekte, deren Zielsetzung und – aus meiner Sicht sehr wichtig – deren Reihenfolge in der Konzeptphase.

Teilprojekt	Kick-off-Veranstaltung
Zielsetzung	Im Projektteam gibt es ein klares Verständnis darüber, warum KAM eingeführt werden soll, und das Ziel vom KAM-Programm wurde basierend auf den eigenen Unternehmenszielen und den Veränderungen am Markt festgelegt. Darüber hinaus wird noch der Projektplan zur Umsetzung gemeinsam verabschiedet.
Dauer	1 Tag
Projektvoraussetzung	–
Teilnehmer	Senior Management sowie das Projektteam
KAM-Handbuch	KAM-Ziele und verwendete Begriffe

Hier ein Vorschlag für die Agenda eines Key Account Management-Kick-off-Workshops:

Punkt	Inhalt
1	Begrüßung
2	Aktuelle Situation des Unternehmens und Veränderungen am Markt
3	Einführung Key Account Management: Was wollen wir mit dem KAM-Ansatz erreichen?
4	Vorstellung und Verabschiedung vom Projektplan
5	Aktionsplan für die Einzelprojekte • Identifikation der Key Accounts • (Exklusive) Leistungspakete für Key Accounts • Organisation und Key Account Teams • Key Account Manager (Jobprofil, …) • Spielregeln und Prozesse • Tools • KAM Steuerung
6	Abschlussdiskussion

Zu Punkt 1: Begrüßung

Der Leiter KAM (beziehungsweise derjenige, der für den Einführungsprozess verantwortlich ist) begrüßt alle Teilnehmer und stellt das Ziel sowie die Tagesordnungspunkte vor. Sollten sich nicht alle Teilnehmer persönlich kennen, so ist eine kurze Vorstellungsrunde ratsam.

Zu Punkt 2: aktuelle Situation des Unternehmens, Veränderungen am Markt

Im Team muss ein gleiches Verständnis dafür geschaffen werden, WARUM die Einführung von Key Account Management gerade jetzt im Unternehmen in Erwägung gezogen wird. Welche Veränderungen am Markt beziehungsweise im Unternehmen unterstützen die Einführung beziehungsweise machen diese zwingend erforderlich? Idealerweise übernimmt die Geschäftsführung diesen Teil der Agenda, um die Notwendigkeit der Veränderungen noch einmal zu unterstreichen und klar aufzuzeigen, dass sie zu 100 Prozent hinter diesem Projekt steht!

Zu Punkt 3: Einführung Key Account Management – was wollen wir erreichen?

Der römische Politiker und Dichter Seneca hat einmal gesagt: *„Wer den Hafen nicht kennt, für den ist kein Wind ein günstiger.“* Genauso verhält es sich auch mit der Einführung von Key Account Management. Nur wer weiß, welches Ziel er mit der Einführung von Key Account Management verfolgt, ist auch in der Lage, dieses Ziel konsequent zu verfolgen.

Das Ziel ist dabei sehr unternehmensspezifisch!

Mehr zur Zieldefinition siehe Kapitel: „Was ist das Ziel von KAM in Ihrem Unternehmen?"

Zu Punkt 4: der Projektplan

Wie bereits erörtert, erfolgt die Key Account Management Einführung in drei Phasen. Die Detaillierung des Projektplans hängt stark von den spezifischen Gegebenheiten im Unternehmen ab. Müssen zum Beispiel Key Account Manager neu am Markt rekrutiert werden, so kann diese Aktion einen einzelnen Projektschritt darstellen.

Zu Punkt 5: Aktionsplan für die Einzelprojekte

Für die erforderlichen Einzelschritte, wie zum Beispiel die Identifikation der Key Accounts, die Erarbeitung einer schlagkräftigen Key Account Management Organisation, das Aufsetzen aller Tools, Prozesse und mehr, sollten bereits in der Kick-off-Veranstaltung die ersten Arbeitspakete klar definiert und vergeben werden. Bitte beachten Sie, dass Aktionspläne grundsätzlich aus drei Elementen bestehen:

1. **Was genau ist zu tun?**
   Grenzen Sie den Aktionspunkt so gut wie möglich ein und formulieren Sie diesen in einer klaren und eindeutigen Art und Weise. Wer hat nicht schon den Fall erlebt, dass man nach vier Wochen in ein Protokoll schaut und nur noch die Hälfte nachvollziehen kann?
2. **Wer ist für den Aktionspunkt verantwortlich?**
   Bitte vermeiden Sie es, Aktionspunkte an anonyme Abteilungen (Beispiel „Marketing") sowie an Personen zu vergeben, die nicht am Gespräch teilgenommen und sich somit auch nicht selbst zu diesem Aktionspunkt bekannt haben.
3. **Bis wann ist der Aktionspunkt zu erledigen?**
   Ohne Zeitangabe warten Sie meist vergebens auf eine Antwort auf die vergebenen Aktionspunkte.

Teilprojekt	Identifikation/Selektion der Key Accounts
Zielsetzung	Basierend auf der Zielsetzung des KAM-Programms werden die Key Accounts anhand von objektiven (qualitativen und quantitativen) Kriterien und Maßstäben ermittelt.
Dauer	Da in diesem Teilprojekt viele Kunden anhand der festgelegten Kriterien bewertet werden müssen, nimmt dieses Teilprojekt schnell vier bis sechs Wochen in Anspruch. Der Grund ist schlichtweg der Aufwand zur Datenkonsolidierung.
Projektvoraussetzung	Das unternehmensspezifische Ziel des KAM-Programms muss definiert sein. Hinweis: In der Praxis wird mit diesem Teilprojekt gleich im Rahmen des Kick-offs gestartet.
Teilnehmer	Projektteam plus gegebenenfalls jemand vom Vertriebscontrolling zur Konsolidierung der Daten
KAM-Handbuch	Key Account-Selektion

Teilprojekt	Leistungspakete für Key Accounts festlegen
Zielsetzung	Erarbeiten des Leistungsangebots (Produkte, Logistik, Serviceleistungen, Vertriebsressourcen, …) für Key Accounts.
Dauer	Da sehr häufig neue Leistungspakete definiert werden und für diese auch eine Kosten-Nutzen-Rechnung durchgeführt werden muss, sollten Sie auf alle Fälle mit vier bis sechs Wochen rechnen.
Projektvoraussetzung	Da die Leistungspakete auch stark von den Anforderungen der ausgewählten Key Accounts abhängen, müssen diese bekannt sein. In der Praxis startet man aber dennoch parallel zum Teilprojekt „Identifikation der Key Accounts", da zu Beginn schon mal alle Leistungen aufgelistet werden können, die vom Unternehmen heute schon angeboten werden. Hinweis: Auch wenn Sie KAM als reinen Vertriebsansatz umsetzen, sollten Sie sich bewusst die Zeit nehmen, um aktiv zu entscheiden, ob und welche Leistungen Sie für Key Accounts (exklusiv) erbringen müssen und wollen.
Teilnehmer	Projektteam + Ansprechpartner aus den Leistungsbereichen Logistik, Service, Backoffice, …
KAM-Handbuch	(Exklusives) Leistungsportfolio für Key Accounts

Teilprojekt	KAM-Organisation und Key Account Teams
Zielsetzung	Erarbeiten der Key Account Management-Organisationsstruktur und wie diese in die bestehende Unternehmensorganisation eingebettet werden kann. Gegebenenfalls wird noch ein Topmanagement-Sponsoring initiiert.
Dauer	Vier bis sechs Wochen
Projektvoraussetzung	Die Anzahl der Key Accounts (national, global) muss feststehen.
Teilnehmer	Projektteam plus gegebenenfalls jemand aus dem Bereich Organisationsentwicklung (bei Konzernen) und Vertreter des Betriebsrats.
KAM-Handbuch	KAM-Organisation und Key Account Teams

Teilprojekt	Personal/Key Account Manager
Zielsetzung	Neben dem Aufgaben- und Stellenprofil der Key Account Manager gilt es, die Vergütungs- und Karrieremodelle zu erarbeiten.
Dauer	Vier bis sechs Wochen. In der Regel wird dieses Teilprojekt parallel zum Teilprojekt KAM-Organisation durchgeführt, da beide Bereiche sich gegenseitig stark beeinflussen.
Projektvoraussetzung	Die Key Accounts müssen definiert sein und damit die Anforderungen der Key Accounts feststehen.
Teilnehmer	Projektteam plus gegebenenfalls jemand aus dem Bereich Organisationsentwicklung (bei Konzernen), Personal (HR) und Vertreter des Betriebsrats.
KAM-Handbuch	Key Account Manager – Kompetenzen, …

Teilprojekt	Spielregeln und Prozesse
Zielsetzung	Anpassen der existierenden Unternehmensprozesse an die Bedürfnisse vom KAM sowie Festlegung von klaren Rollen und Kompetenzen auf internationaler Ebene.
Dauer	Ein Tag bis sechs Wochen. Die Dauer schwankt sehr stark, da in einigen Fällen Prozesse fast gar nicht angepasst und in anderen Fällen Prozesse komplett neu definiert und abgestimmt werden müssen.

Projektvoraussetzung	Die KAM-Organisation muss definiert sein.
Teilnehmer	Projektteam plus gegebenenfalls jemand aus dem Bereich Qualitätsmanagement (Stichwort: Qualitätshandbuch, Prozessbeschreibungen).
KAM-Handbuch	Prozesse und Spielregeln im KAM

Teilprojekt	Werkzeuge
Zielsetzung	Notwendige Tools, wie zum Beispiel den Key Account Plan identifizieren und einheitliche Standards im Unternehmen festlegen.
Dauer	Vier bis sechs Wochen (ohne IT-Implementierung)
Projektvoraussetzung	Die Identifikation der Key Accounts muss abgeschlossen sein.
Teilnehmer	Projektteam plus gegebenenfalls ausgewählte Key Account Manager, um deren Bedürfnisse an die Werkzeuge frühzeitig zu berücksichtigen. Darüber hinaus noch Vertreter von der IT, falls die Werkzeuge anschließend in die IT-Landschaft implementiert werden sollen.
KAM-Handbuch	KAM-Tools

Teilprojekt	Steuerung
Zielsetzung	Ausarbeitung einer Balanced Scorecard, um das KAM ganzheitlich steuern zu können.
Dauer	Zwei bis sechs Wochen (ohne IT-Implementierung). Die Dauer schwankt sehr stark, da hier ein Steuerungscockpit definiert und gleichzeitig überprüft werden muss, ob und inwieweit die Messgrößen überhaupt erhoben werden können.
Projektvoraussetzung	Die KAM-Organisation muss definiert sein.
Teilnehmer	Projektteam plus gegebenenfalls jemand aus dem Bereich Vertriebscontrolling und IT (falls das Cockpit in die IT-Infrastruktur eingebaut werden soll).
KAM-Handbuch	KAM-Steuerung

Alle Arbeitsergebnisse der Analyse- und Konzeptionsphase werden im Key Account Management Unternehmenskonzept festgehalten. Durch die Anfertigung dieses Konzeptpapiers wird dann der abschließende Meilenstein erreicht und die operative Umsetzung (der Pilot) kann beginnen.

Phase 2: agiles Prototyping

Ziel dieser Phase ist, Ihr Key Account Management Unternehmenskonzept auf einen ausgewählten Bereich anzuwenden und damit einem ersten Fitness-Check zu unterziehen. Die Praxis zeigt, dass jedes KAM-Konzept in der Regel noch ein paar Punkte hat, die in der Konzeptphase noch nicht ausreichend berücksichtigt wurden, die für die Praxis aber ganz entscheidend sind. Daher die klare Bitte an alle, wenn Sie KAM neu einführen wollen:

Gehen Sie vom Schreibtisch-Konzept direkt in die Umsetzung!

Das Geschäft mit Key Accounts ist zu wichtig, um hier auch nur einen Fehler zu machen. Für alle unter Ihnen, die jetzt sagen: *„Aber wir wollen/müssen KAM einführen und wollen die PS auch schnell auf die Straße bekommen!“*, lautet meine Antwort: Die ausgewählten Key Accounts haben Sie ja bis gestern Abend auch irgendwie bearbeitet. Wenn es Ihr Unternehmen so lange am Leben gehalten hat, können Sie das auch noch ein paar Monate länger machen!

Vor 20 Jahren hätten wir an dieser Stelle noch von einer Pilotierung gesprochen. Heute nennen wir es „agiles Prototyping“ und ehrlich gesagt, ist es für mich weit mehr als nur eine neue Bezeichnung. Egal wie gut die Konzeptphase auch war, in der Praxis zeigen sich dann doch plötzlich andere Gegebenheiten und Herausforderungen. Daher gilt es, das Konzept in der Phase auch immer wieder AGIL anzupassen und damit angepasste PROTOTYPEN des Key Account Managements anzuwenden.

Das Prototyping besteht im Kern aus vier wichtigen Schritten:

1. Key Accounts und Umfang festlegen
2. KAM-Konzept umsetzen
3. Die Umsetzung kontinuierlich bewerten und Anpassungen agil vornehmen
4. Abschlussbericht

Achtung: In der Praxis wird den Schritten 3 und 4 zu wenig Aufmerksamkeit geschenkt. Dabei bleibt die Aussage: Ohne 3 und 4 ist diese Phase wertfrei!

Schritt 1: Key Accounts und Umfang festlegen

Zu Beginn muss festgelegt werden, mit welchen Key Accounts und auch in welchem geografischen Umfang das KAM-Konzept „getestet“ werden soll. Dazu drei Denkanstöße:

- Starten Sie nicht mit dem allerwichtigsten Key Account, sondern starten Sie bewusst mit etwas „kleineren" und meist auch „etwas einfacheren" Key Accounts. So halten Sie das Restrisiko, welches es immer bei einem Prototyping gibt, in Grenzen.
- Wenden Sie Ihr KAM-Konzept auf verschiedene Key Account Typen an. Zum Beispiel auf einen globalen, einen internationalen oder auch einen nationalen Key Account.
- Falls Sie Key Accounts haben, die eine intensivere Partnerschaft/Zusammenarbeit wollen und daher auch einen KAM-Ansatz von Ihnen aktiv eingefordert haben, so können auch diese gute Kandidaten sein.

Schritt 2: KAM-Konzept umsetzen

Nachdem die Key Accounts feststehen, gilt es jetzt, die betroffenen Mitarbeiter zu informieren. Betroffen sind in der Regel:

- Die Key Account Manager (national, international)
- Die Account Manager/Verkäufer aus den Flächenvertriebsorganisationen, die als Key Account Team Mitglied aktiv in die Interaktionen mit den Key Accounts involviert sind
- Bei internationalen KAM-Programmen die Chefs der Landesgesellschaften
- Der Vertriebsinnendienst
- Alle Bereiche, die besondere Leistungen für diese Key Accounts erbringen sollen. Zum Beispiel aus den Bereichen Service, Logistik, Rechnungswesen.

Inhaltlich können Sie sich gut an Ihrem ausgearbeiteten KAM-Handbuch mit den acht Dimensionen orientieren:

1. Was sind die Hauptbeweggründe, das KAM jetzt einzuführen?
2. Welche Ziele werden mit dem KAM verfolgt? Welche Key Accounts wurden wie ausgewählt und mit welchen Key Accounts soll die Umsetzung starten (Pilotierung)?
3. Welche Leistungen können/sollen für die Key Accounts extra erbracht werden?
4. Wie sieht die organisatorische Einbettung vom KAM aus und welche Veränderungen ergeben sich dadurch?
5. …

Die eigentliche Umsetzung startet dann in der Regel mit Workshops auf Key Account Ebene. An diesen Workshops nehmen die jeweiligen Key Account Teams teil. Ziele des Workshops sind:

1. Gemeinsames Verständnis vom Key Account und den daraus abgeleiteten Chancen und Risiken für Ihr Unternehmen im Team zu schaffen.
2. Einen ersten Entwurf vom Key Account Plan zu erarbeiten und damit ein gleiches und klares Verständnis von der Account Entwicklungsstrategie zu haben.
3. Ein klares Verständnis zu erarbeiten, wie die Rollenverteilung im Key Account Team aussieht (siehe RASIC).
4. Und letztlich festzulegen, wie zukünftig die regelmäßige Kommunikation im Key Account Team erfolgen soll.

Schritt 3: die Umsetzung kontinuierlich bewerten und Anpassungen agil vornehmen

Mit diesem dritten Schritt kommen wir zu dem Teil vom Prototyping, der häufig nicht ausreichend umgesetzt wird. Ziel dieser Phase ist, die Umsetzungstauglichkeit von Ihrem KAM-Konzept einem Praxistest zu unterziehen. Bei dieser Zielausrichtung ist es notwendig, die Umsetzungstauglichkeit auch regelmäßig zu überprüfen und gegebenenfalls gleich agil gegenzusteuern oder zumindest die offenen Punkte zu sammeln.

Für die Konzeptphase hatten Sie ja ein Team zusammengesetzt, welches das KAM-Konzept ausgearbeitet hat. Meine Empfehlung ist, dass sich dieses Projektteam auch in der Prototyping-Phase regelmäßig trifft und zum aktuellen Stand der Implementierung austauscht. Da zum Team neben dem Leiter Key Account Management auch Vertreter von anderen Abteilungen gehören, die in die Leistungserbringung gegenüber den Key Accounts involviert sind, haben Sie alle notwendigen Funktionen vertreten. Falls Sie noch keinen Vertreter vom Flächenvertrieb im Team haben, so ist es durchaus sinnvoll, hier zum Beispiel eine nationale und eine internationale Führungskraft hinzuzuziehen.

Schritt 4: Abschlussbericht

Das Prototyping endet mit einem Abschlussbericht, der noch einmal kurz und knackig die Erfahrungen aus dem „Piloten“ zusammenfasst und gegebenenfalls notwendige Veränderungen am KAM-Konzept protokolliert.

Falls noch nicht alle notwendigen Veränderungen am KAM Unternehmenskonzept beschlossen wurden, so können Sie diesen Bericht auch als Entscheidungsbasis dem Projektteam vorlegen.

Phase 3: Roll-out

In dieser Phase wird das KAM-Unternehmenskonzept jetzt vollständig implementiert.

Kick-off Key Account Management

Mit der Kick-off-Veranstaltung des gesamten Key Account Management Teams startet die Umsetzung.

Inhaltlich können Sie sich – wie in der Prototyping-Phase auch – gut an Ihrem ausgearbeiteten KAM-Konzept mit den acht Dimensionen orientieren:

1. Was sind die Hauptbeweggründe, das KAM jetzt einzuführen? Welche Ziele werden mit dem KAM verfolgt?
2. Welche Key Accounts wurden wie ausgewählt und mit welchen Key Accounts soll die Umsetzung starten (Pilotierung)?
3. Welche Leistungen können/sollen für die Key Accounts extra erbracht werden?
4. Wie sieht die organisatorische Einbettung vom KAM aus und welche Veränderungen ergeben sich dadurch?
5. …

Neben diesen inhaltlichen Punkten ist es empfehlenswert, zusätzlich das Thema *Teambuilding* in die Agenda einfließen zu lassen. Die Key Account Management Organisation wurde neu im Unternehmen aufgesetzt. Die Key Account Management Mitarbeiter wurden vielleicht teilweise auch von extern neu eingestellt beziehungsweise aus unterschiedlichen internen Bereichen rekrutiert. Die große Herausforderung für das Management besteht jetzt darin, aus diesen Individuen ein schlagkräftiges Team zu gestalten. In einem Team zusammenzuarbeiten heißt, die Fähigkeiten der anderen gut zu kennen, sich gegenseitig zu vertrauen und gemeinsam Ziele zu verfolgen. Dazu sind gemeinsam gemachte Erfahrungen und Erlebnisse notwendig. Um diese Teambildung zu initiieren, könnte das Kick-off zum Beispiel als „Outdoor-Workshop“ durchgeführt werden.

Lassen Sie Ihr KAM Unternehmenskonzept als kleines Handbuch binden und verteilen Sie es an alle Mitarbeiter, die direkt von der Key Account Management Einführung betroffen sind.

KAM-Trainings und Key Account Team-Workshops

Um zu gewährleisten, dass alle Mitarbeiter im Key Account Management ein einheitliches Verständnis von Ihrem KAM-Programm, den Prozessen und Abstimmungsprozeduren sowie den Werkzeugen haben, müssen diese Mitarbeiter entsprechend weitergebildet werden.

In Summe gibt es vier Zielgruppen:

1. Key Account Manager
2. Key Account Team Mitglieder
3. Mitarbeiter aus Unternehmensbereichen und Abteilungen, die besondere Leistungen für Key Accounts erbringen sollen
4. Führungskräfte, die Mitarbeiter (wie zum Beispiel Key Account Manager) mit den neuen Werkzeugen im KAM führen und coachen

Zielgruppe 1: Training für Key Account Manager

In diesem Training erhalten die Key Account Manager einen Überblick über das unternehmensspezifische KAM-Konzept und erarbeiten einen ersten Entwurf vom Key Account Plan für einen ihrer Kunden.

Die Trainingsinhalte im Überblick eines klassischen Trainings zum Thema „Strategisches Key Account Management“:

- Key Account Management:
  Zielausrichtung im Unternehmen xxx
- Key Accounts:
  Auswahlverfahrung und identifizierte Unternehmen
- Key Account Manager:
  Die fundamentalen Rollen und Aufgaben
- Leistungsangebote für Key Accounts:
  Was darf welchen Key Accounts angeboten werden?
- Prozesse und Abläufe:
  Welche Prozesse gibt es und wer hat welche Entscheidungsbefugnisse im KAM?
- Werkzeuge:
  Einsatzgebiete und Struktur des Key Account Plans

Das Training dauert in der Regel zwei Tage und wird idealerweise durch ein Follow-up nach circa zwölf Wochen ergänzt. Durch dieses Follow-up erhöhen Sie die Nachhaltigkeit der Umsetzung erheblich. Die Teilnehmer haben dadurch die Gelegenheit, Erfahrungen untereinander auszutauschen, und durch eine Transferaufgabe zwischen den zwei Modulen werden sie noch stärker in die direkte Umsetzung geführt.

Zielgruppe 2: Training für Key Account-Teammitglieder

Bezogen auf die Mitglieder der Key Account Teams hat sich der Key Account Workshop als sehr gutes Format bewährt. In einem zweitägigen Workshop erhalten alle Mitglieder einen Überblick über das unternehmensspezifische KAM-Konzept, erarbeiten GEMEINSAM den Key Account Plan und klare Regeln der Zusammenarbeit im Team.

Trainingsinhalte:

- Key Account Management:
  Zielausrichtung im Unternehmen xxx
- Key Accounts:
  Auswahlverfahrung und identifizierte Unternehmen
- Key Account Manager und Key Account Team Mitglieder:
  Aufgabenverteilung und Verantwortlichkeiten (Stichwort: RASIC).
- Leistungsangebote für Key Accounts:
  Was darf welchen Key Accounts angeboten werden?
- Prozesse und Abläufe:
  Welche Prozesse gibt es und wer hat welche Entscheidungsbefugnisse im KAM?
- Werkzeuge:
  Einsatzgebiete und Struktur des Key Account Plans
- Kommunikation im Key Account Team:
  Wie erfolgt der Informationsaustausch im Key Account Team?

Zielgruppe 3: Mitarbeiter aus angrenzenden Unternehmensbereichen/ Abteilungen

Für diese Zielgruppe benötigen Sie in der Regel eher ein themenbezogenes Training. Hier ein Praxisbeispiel von einem dreistündigen Training für den Bereich Auftragsabwicklung:

- Key Account Management:
  Zielausrichtung im Unternehmen xxx
- Key Accounts:
  Auswahlverfahrung und identifizierte Unternehmen

- Leistungsangebote für Key Accounts:
  Wie wird mit Key Accounts anders verfahren? Was bedeutet das konkret für den Bereich Auftragsabwicklung?

Zielgruppe 4: Führungskräfte

Jetzt kommen wir zu einem Training, welches leider sehr häufig vernachlässigt oder ganz vergessen wird. KAM erfordert eine andere Herangehensweise als der klassische Vertriebsansatz. Die Key Account Manager haben bereits ein Training erhalten, welche Werkzeuge es im KAM gibt und wie sie diese einsetzen können. Aber nur wenn die Führungskräfte diese Werkzeuge auch kennen und verstehen, können sie diese auch anschließend als Führungsinstrument gezielt einsetzen.

Hier die Inhalte aus einem Ein-Tages-Workshop für Führungskräfte:

- Key Account Management:
  Zielausrichtung im Unternehmen xxx
- Werkzeuge:
  Einsatzgebiete und Struktur des Key Account Plans und wie diese als Führungsinstrument eingesetzt werden können
- Key Account Plan Review:
  Vorbereitung, Durchführung und das Nachhalten der Vereinbarungen
- KAM Steuerung:
  Die Balanced Scorecard und die Konsequenzen für die Führung der Mitarbeiter
- Führung im KAM:
  Was ändert sich für Führungskräfte mit dem neuen Ansatz?

Regelmäßige Teamrunden

Insbesondere im Key Account Management mit einem dezentral aufgestellten Team stellt der regelmäßige Informationsaustausch eine riesengroße Herausforderung dar. Der regelmäßige Austausch über den Key Account, die aktuellen Projekte und Veränderungen im Markt wird zum kritischen Erfolgsfaktor.

Führen Sie pro Key Account einmal im Jahr ein persönliches Treffen im Key Account Team durch. Im Rahmen des Workshops wird dann der Key Account Plan und die Account Strategie einmal auf Herz und Nieren überprüft und überarbeitet.

Als Blaupause hier eine Agenda für diese regelmäßigen Austauschrunden:

1. Der Key Account
   - Top 3-News zum Key Account (Organisation, Strategie, ...)
2. Status Akquiseprojekte
   - Status Top 5-Akquiseprojekte
   - Gewonnene Projekte und was wir daraus lernen
   - Verlorene Projekt und was wir daraus lernen
3. Wichtige Termine und Aktionen
   - Senior Management Meetings, Veranstaltungen, ...
4. Platzhalter für ein weiteres Spezialthema (Produkteinführung, ...) oder teaminternes Thema (Vorbereitung Account Plan Workshop, ...)

Mitarbeitergespräche

Gerade in der Einführungsphase von Key Account Management gilt es, eine Reihe von personellen Punkten in Mitarbeitergesprächen zu klären. Dieses gilt sowohl auf der Ebene zwischen Vertriebsleiter und Key Account Manager wie auch zwischen dem Key Account Manager und seinen Mitarbeitern. Zu den Punkten gehören insbesondere Fragen zum Arbeitsort, der Zielvereinbarung mit dem entsprechenden variablen Vergütungssystem sowie der Entwicklungsplan für den Mitarbeiter.

Unternehmensinterne Kommunikation

Bei der unternehmensinternen Kommunikation ist zwischen der Erstinformation und den kontinuierlich verfügbaren Informationen zu Key Account Management für alle Mitarbeiter des Unternehmens wie auch der Key Account Management internen Kommunikationsplattform und -strategie zu unterscheiden.

Erstinformation

Hier geht es darum, den Mitarbeitern, Key Account Management und dessen Einführung im Unternehmen näherzubringen.

- Warum führt das Unternehmen Key Account Management ein?
- Was ist Key Account Management überhaupt und wo liegen die Unterschiede zwischen Key Account Kunden und den „normalen" Kunden?
- Wo ist der Unterschied zum bisherigen Vertrieb?
- Neben diesen grundlegenden Fragen kann die Unternehmensleitung direkt auf die Bedeutung aller Kunden für das Unternehmen wie auch die besondere Bedeutung der Key Accounts hinweisen. Die Kommunikation erfolgt zum Beispiel über Artikel und Interviews in der Mitarbeiterzeitschrift oder

Veröffentlichungen im Intranet beziehungsweise unternehmensinternen Social-Media-Kanälen.

Kontinuierlich verfügbare Informationen

Die kontinuierlich verfügbaren Informationen werden ständig auf dem aktuellen Stand gehalten und dienen allen Mitarbeitern dazu, sich über Key Account Management im Unternehmen zu informieren beziehungsweise Ansprechpartner leicht zu identifizieren.

Der Key Account Management Bereich kann sich, zum Beispiel im Intranet, mit folgenden Informationen präsentieren:

- Organisation mit Kontaktdaten der Ansprechpartner
- Vision, Leitbild, Ziele und Strategien
- Jüngste Erfolge beziehungsweise gewonnene Projekte
- Allgemeine Neuigkeiten, zum Beispiel zu Veranstaltungen

Getreu dem Motto: „Tue Gutes und rede darüber" sollten besondere Ereignisse, wie zum Beispiel der Besuch des eigenen Werkes durch die Geschäftsführung eines Key Accounts oder das Unterzeichnen eines wichtigen Vertrages, im Unternehmen kommuniziert werden. Auch für diese Kommunikation bietet sich das gesamte Kommunikationsspektrum vom „schwarzen Brett" bis zur Mitarbeiterzeitschrift an.

Kommunikation zwischen den Key Account Managern

Auch zwischen den Key Account Managern sollte ein regelmäßiger Informationsaustausch stattfinden, da diese ihre Erfahrungen und sogenannten „Best-Practice"-Fälle untereinander austauschen können.

Darüber hinaus liegt es in der Verantwortung der Vertriebsleitung zu überlegen, welche allgemeinen Informationen „in den Gängen" der Key Account Team Büros zur Verfügung gestellt werden sollten. Dabei kann es sich um ein Plakat mit der Key Account Management Vision genauso handeln wie auch um praktische Informationen zum täglichen operativen Geschäft.

3. Externe Kommunikation

Im Rahmen der externen Kommunikation gibt es zwei sehr spannende Fragestellungen.

1. Sagen wir den Key Accounts, dass sie Key Accounts sind?
2. Wie führen wir den Key Account Manager beim Key Account ein?

Sagen wir den Key Accounts, dass sie Key Accounts sind?

Stellen Sie sich vor, dass ein Kunde für Sie wahnsinnig wichtig ist und Sie ihn daher als Key Account führen, Sie aber für den Kunden gar keine strategische Rolle spielen. Wenn Sie so einem Kunden kommunizieren, dass er als Kunde für Sie besonders wichtig ist, kann es zu einer Reaktion wie dieser kommen: *„Vielen Dank, Herr Müller, dass Sie mir unsere Bedeutung für Ihr Haus noch einmal klar dargelegt haben. Ich gehe daher davon aus, dass wir zukünftig einen weiteren Partnerschaftsbonus von zehn Prozent erhalten. Darüber hinaus …"* Das heißt, die proaktive Kommunikation ist hier sogar kontraproduktiv!

Hier ein paar Fälle aus der Praxis, bei denen eine gezielte Kommunikation sehr viel Sinn gemacht hat:

KAM als Vertriebsansatz für überregionale Kunden

Wenn Sie KAM als reinen Vertriebsansatz einführen, um damit überregionale oder internationale Kunden zu managen, macht die Kommunikation absolut Sinn.

„Lieber Kunde, da Sie drei Standorte in Deutschland haben, werden Sie zukünftig vom Key Account Management Team betreut. Damit haben Sie ein zentrales Team, das sich um Ihre Anliegen standortübergreifend kümmert …"

KAM war ein Kundenwunsch

Wenn der Kunde Sie aufgefordert hatte, ein professionelles KAM an der Schnittstelle zu seinem Unternehmen einzuführen, ist es ein klares Muss, die Einführung dann auch zu kommunizieren.

Ihr KAM-Programm ist auf gegenseitige Partnerschaften ausgerichtet

In einem Beratungsprojekt hatte sich der Kunde dafür entschieden, KAM nur für die wichtigen Key Accounts zu etablieren, die ihrerseits an einer echten

Partnerschaft mit seinem Unternehmen interessiert waren. Auch hier ist es unerlässlich, die Einführung von KAM entsprechend zu kommunizieren.

In diesem Fall sollte Ihr Kunde ebenfalls ein Interesse daran haben, von seiner Seite ein professionelles Schnittstellenmanagement zu etablieren. Das heißt, hier können Sie aktiv nach einem „Key Supplier Management" oder „Key Partner Management" auf der Kundenseite fragen.

Hier aber zwei Fälle, in denen ich den Key Account-Status nicht unbedingt kommunizieren würde:

- **KAM ist Industriestandard**
  In verschiedenen Industrien, wie zum Beispiel der Automobilindustrie, hat sich KAM als klarer Industriestandard etabliert. Das heißt, der Kunde geht auch davon aus, dass es einen Key Account Manager und gegebenenfalls auch ein Key Account Team sowie besondere Leistungen von weiteren Unternehmensabteilungen gibt.
- **Sie sind *nur* Lieferant, aber der Kunde ist extrem wichtig**
  Nehmen wir noch einmal den Fall von weiter oben. Wenn ein Kunde für Sie extrem wichtig ist, aber Sie für den Kunden nicht, würde ich persönlich eher über Leistung und Gegenleistung sprechen als über den Key Account Status.

Wenn Sie dem Kunden seinen Status mitteilen, muss in Ihrer Präsentation klar der Nutzen für den Kunden ersichtlich sein. Was hat er davon, dass Sie sich ein KAM leisten?

Wie führen wir den Key Account Manager beim Key Account ein?

Leider wird die Einführung des Key Account Managers beim Kunden in vielen Unternehmen immer noch ihm selbst überlassen. Für mich gibt es allerdings einen klaren Grundsatz:

Ein Key Account Manager stellt sicher niemals allein bei einem Key Account vor!

Um gerade die Position des Key Account Managers mit seinen Kompetenzen hervorzuheben, sollte der Key Account Manager offiziell durch die Geschäftsführung oder zumindest durch eine Führungsposition beim Key Account eingeführt werden. Diese Einführung kann in Form eines offiziellen Schreibens auf Managementebene des Key Accounts oder noch im Rahmen eines persönlichen Gespräches auf dieser Ebene geschehen. Auf dieser professionellen Einführung kann der Key Account Manager dann seine Beziehung mit und bei dem Kunden aufbauen.

Hier eine Mustervorlage für ein Schreiben:

> Sehr geehrter/geehrte …,
>
> Block 1: herzlichen Dank für die vertrauensvolle Zusammenarbeit in den letzten Jahren.
>
> Block 2: Zum Termin xy wird Herr/Frau xx als neuer/neue Key Account Manager/Key Account Managerin die Geschäftsverantwortung für unsere gemeinsamen Projekte auf globaler Ebene übernehmen.
>
> (Nutzen Sie an dieser Stelle doch mal bewusst ein Wort, das die Position des Key Account Managers gleich deutlich macht: Ist er der vertriebliche Ansprechpartner oder der Geschäftsverantwortliche? Im ersten Fall ein Verkäufer, im zweiten Fall ein Business Manager mit Befugnissen.)
>
> Block 3: Herr/Frau xx ist dabei insbesondere für die Koordination der Geschäftsbeziehung auf allen Ebenen verantwortlich und er/sie steht Ihnen insbesondere für Fragen zu folgenden Themen zur Verfügung:
>
> Zum Beispiel:
>
> Wie Sie durch unsere Produkte/Lösungen Ihre Prozesse- und Prozesskosten noch weiter optimieren können?
>
> Wie Sie durch unsere Lösungen Ihre Wettbewerbsposition in diesem agilen Marktumfeld noch weiter ausbauen können?
>
> Wie Sie auf globaler Ebene Ihre Abläufe und Prozesse noch weiter harmonisieren und so zusätzliche Wettbewerbsvorteile erarbeiten können, indem wir Sie durch einen Best-Practice-Transfer unterstützen?
>
> …
>
> (Dieser Block 3 zeigt noch einmal bewusst die Nutzen für den Kunden auf! Haben Sie sich in Ihrem Unternehmen eigentlich schon mal Gedanken gemacht, welchen Nutzen Ihr KAM-Programm dem Key Account bietet?)
>
> Block 4: Ich würde mich sehr freuen, wenn ich Ihnen Herrn/Frau xx persönlich vorstellen dürfte, um gemeinsam mit Ihnen über …
>
> Mit freundlichen Grüßen
>
> xx
>
> (Geschäftsführer xx)

Erstaunlicherweise stellen nur wenige Key Account Manager ihr Team formal dem Kunden vor. Auch wenn es ein virtuelles Team ist, hindert Sie niemand daran, die Mitarbeiter in einem Organigramm abzubilden und so dem Kunden zu zeigen, wie viele Ressourcen für sein Unternehmen tätig sind. Wenn Sie im Organigramm auch noch ein Foto, die Telefonnummer, die E-Mail-Adresse und das Aufgabengebiet angeben, kann der Kunde diese auch gleich aktiv einsetzen.

Teil 5

Key Account Management kontinuierlich weiter-entwickeln

Das KAM-Konzept wurde im Unternehmen ausgerollt und damit besteht jetzt leicht die Gefahr, dass man in einem Status quo verharrt. Hier ein paar typische Fallen aus der Praxis:

- Die Key Accounts sind einmal definiert worden und diese bleiben auch bis zum bitteren Ende auf der Liste. Eine Überprüfung findet nicht regelmäßig statt.
- Die Key Account Manager hatten irgendwann mal ein Training und das muss dann auch ausreichen. Kontinuierliches Weiterbilden im KAM? Fehlanzeige!
- Die Werkzeuge – wie zum Beispiel der Key Account Plan – wurden einmal aufgesetzt und niemand kümmert sich um die Weiterentwicklung und Optimierung dieser Werkzeuge. Von einer Einbindung in die IT-Infrastruktur spricht sowieso keiner mehr.
- Kundenbefragungen werden regelmäßig gemacht, nur leider kann man die Key Accounts gar nicht separat betrachten. Auswirkungen auf das Vorgehen im KAM haben diese Befragungen meist nicht.

Ich gebe zu, das waren vier negative, düstere Aussagen. Haben Sie sich trotzdem in einer der Aussagen ertappt gefühlt? Betrachten Sie das kontinuierliche Weiterentwickeln bitte als festen Projektbestandteil (Phase 4) in Ihrem KAM!

1. Vier Entwicklungsfelder auf dem Weg zu KAM Excellence

„Stillstand ist Rückstand“. Diese sehr bekannte, plakative wie auch einfache Aussage trifft insbesondere auf das Key Account Management zu. Es gilt, das eigene KAM-Programm sowie die dazugehörige Umsetzung kontinuierlich weiterzuentwickeln.

Schreiben Sie doch einmal auf, was Sie dieses Jahr im KAM anders beziehungsweise besser machen als letztes Jahr? Es fällt vielen Führungskräften, aber auch Key Account Managern schwer, diese einfache Frage zu beantworten!

In der Praxis hat sich eine Struktur mit vier Entwicklungsfeldern als sehr hilfreich erwiesen. Hierbei wird auf der einen Seite zwischen den strategischen und operativen Themen sowie zwischen der internen und externen Dimension auf der anderen Seite differenziert.

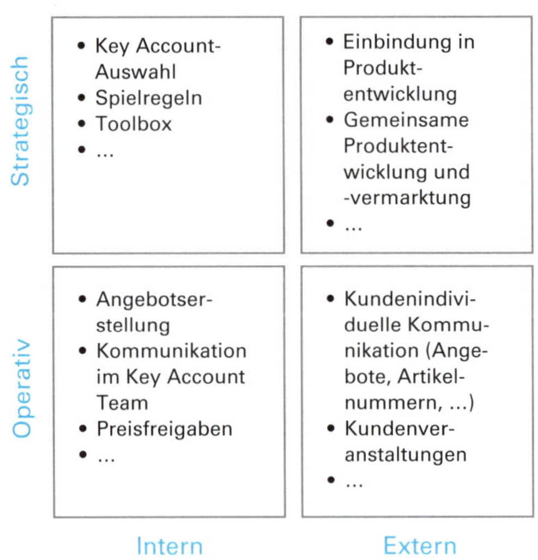

Abbildung 30: Strategische und operative Excellence im KAM

Entwicklungsfeld 1: intern – strategisch

Im ersten Entwicklungsfeld geht es um Ihr unternehmensindividuelles KAM-Konzept. Wenn Sie ein KAM-Handbuch nutzen, wie es weiter vorn beschrieben wurde, können Sie die Struktur von Ihrem Handbuch sehr gut als Checkliste für die kontinuierliche Weiterentwicklung nutzen.

Hier ein paar typische Fragestellungen aus der Praxis:

- Selektion der Key Accounts
  - Passt Ihr Auswahlprozess mit den Selektionskriterien noch zu Ihrer Unternehmensstrategie?
  - Haben Sie gegebenenfalls eine Klumpenbildung bei den Key Accounts in einer Branche/Industrie und wollen Sie Ihr KAM bewusst auf weitere Märkte ausdehnen?
  - Wie entwickeln Sie den Auswahlprozess und die dazu notwendige Datenaufbereitung weiter? (Stichwort: Auswahl per Excel-Liste oder automatisiert basierend auf Daten aus dem ERP?)

- Key Account-Organisation
  - Wie werden Sie die KAM-Organisation weiterentwickeln, um noch effizienter und schlagkräftiger im KAM zu werden?

- Key Account Manager
  - Inwieweit gilt es, das Weiterbildungsprogramm für Key Account Manager anzupassen und gegebenenfalls auch um neue Themen zu ergänzen? (Beispiele: Nachhaltigkeit und Lieferkettengesetz, digitale Preisverhandlungen)
  - Entspricht das Vergütungssystem noch den aktuellen Anforderungen im KAM und auch den Anforderungen der Mitarbeiter? (Beispiele: Teamziele anstatt Individualziele, gemeinsame Ziele in internationalen Teams)

- Spielregeln und Prozesse
  - Wie müssen die Spielregeln oder auch die Prozesse im KAM angepasst werden?

- Werkzeuge
  - Was wird sich bei der Key Account Plan Vorlage ändern?
  - Inwieweit müssen die ERP- oder auch CRM-Systeme auf die Bedürfnisse von KAM weiter angepasst werden?
- …

Wie Sie an den Beispielen sehen können, geht es hier sehr stark um den Rahmen, um die gesamte Ausrichtung Ihres KAM-Programms.

Entwicklungsfeld 2: intern – operativ

Im Entwicklungsfeld zwei geht es hingehen mehr um die „tägliche“, operative Umsetzung von dem oben beschriebenen KAM-Konzept.

- Zusammenarbeit im Key Account Team
  - Welche Kollaborationswerkzeuge wollen Sie zukünftig im Key Account Team nutzen beziehungsweise wie werden Sie die bestehenden Werkzeuge weiterentwickeln und anpassen?
    Beispiel: E-Mail und OneNote in der Vergangenheit wird durch Microsoft Teams ersetzt.
- Konzepte und Angebote erstellen
  - Wie können Angebote und Konzepte noch effizienter erstellt werden?
  - Wie können zeitraubende Abstimmungsrunden zwischen den verschiedenen Abteilungen und Landesorganisationen effizienter gestaltet werden?
  - Wie können Prozesseinsparungen auf der Kundenseite noch einfacher kalkuliert und als Dokument aufbereitet werden?
- Key Account Plan und weitere Werkzeuge
  - Wie kann der Key Account Plan noch effizienter eingesetzt werden?
  - Wie können Elemente aus dem Key Account Plan noch häufiger als Grundlage in anderen Prozessen genutzt werden.
    Beispiele: Monatsreporting, Abstimmungsmeetings im Team
  - Wie kann das CRM noch weiter verschlankt werden, sodass es leicht und effizient eingesetzt werden kann und auch eingesetzt wird?

Entwicklungsfeld 3: extern – strategisch

Mit dem dritten Entwicklungsfeld wechseln wir die Perspektive und verlassen das eigene Unternehmen. Jetzt geht es um die strategische Zusammenarbeit mit den richtigen Key Accounts in den richtigen Märkten.

- Einbindung von Key Accounts
  - Wie können ausgewählte Key Accounts noch besser in die eigene Produkt- und Serviceentwicklung einbezogen werden?
- Gemeinsame Entwicklungen
  - Mit welchen Key Accounts könnten gegebenenfalls auch neue Lösungen gemeinsam entwickelt und vielleicht sogar gemeinsam vermarktet werden?

Entwicklungsfeld 4: extern – operativ

Im letzten Entwicklungsfeld geht es sehr stark um die tagtägliche Zusammenarbeit mit den Key Accounts.

- Key Account Kommunikation
  - Wie kann die Kommunikation mit den Key Accounts noch effizienter erfolgen? *Beispiele:* Kommunikation in den Projektteams, Auftragserteilung und Rechnungsmanagement
  - Wie können Konzepte und Angebote noch kundenindividueller kommuniziert werden?
    Beispiel: Wunsch des Key Accounts, spezifische Artikelnummer zu verwenden
- Veranstaltungen mit den Key Accounts
  - Wie können Key Account spezifische Veranstaltungen noch besser durchgeführt werden?
    Beispiele: Hausmessen, Demotrucks
- Dokumentation
  - Wie können Key Account spezifische Dokumente noch besser eingesetzt werden?
    Beispiele: Key Account spezifische Produkt-Flyer, TCO-Kalkulationen
- Kundenzufriedenheitsbefragungen
  - Wie können Sie effizienter und noch zielgerichteter kontinuierlich ein Feedback der Key Accounts bekommen?

Next Level KAM-Ideen

- Schreiben Sie bitte einmal auf, was Sie im KAM dieses Jahr anders machen als letztes Jahr. An welchen konkreten Stellen haben Sie das KAM weiterentwickelt? – Bitte erschrecken Sie nicht. Die Schriftlichkeit kann dazu führen, dass Sie nichts aufs Papier bringen. Die Wahrheit dahinter wäre lediglich, dass Sie – zumindest bewusst – nichts am KAM-Konzept weiterentwickelt haben.
- Nutzen Sie die vier beschriebenen Entwicklungsfelder, um sich der Stärken und Schwächen Ihres aktuellen KAM-Konzepts bewusst zu werden.
- Legen Sie anschließend drei konkrete Handlungsfelder fest, in denen Sie das KAM weiterentwickeln wollen.

2. Wer kümmert sich um die Weiterentwicklung vom KAM?

Lassen Sie uns direkt mit der Frage aus der Überschrift starten: Wer kümmert sich bei Ihnen im Unternehmen um die Weiterentwicklung Ihres KAM-Konzepts? Nehmen Sie sich gern ein paar Minuten Zeit und beantworten Sie für sich diese Frage, bevor Sie weiterlesen.

In Projekten höre ich sehr häufig eine Antwort, die sehr logisch erscheint: Das liegt in der Verantwortung des Leiters Key Account Management!

Wäre das auch Ihre Antwort gewesen? Theoretisch spricht zunächst überhaupt nichts gegen diesen Ansatz. In der Praxis wird der Leiter KAM aber vorrangig *im* KAM und eben nicht *am* Key Account Management arbeiten. Das operative Tagesgeschäft, die internen Meetings, Kundentermine, das Führen und Managen des Teams, Neueinstellungen, Krankmeldungen und viele weitere Aufgaben und Rollen lassen gefühlt keine Zeit für die kontinuierliche Weiterentwicklung des KAM-Programms. In der Praxis führt das sehr häufig dazu, dass das KAM zwar irgendwann halbwegs professionell eingeführt wurde, sich dann aber nicht wirklich weiterentwickelt hat. Nehmen Sie zum Beispiel Ihre Key Account Plan-Vorlage. Wann wurde sie das letzte Mal wirklich überarbeitet, optimiert und den veränderten Anforderungen des Marktes angepasst? In vielen Unternehmen dürfte die Antwort dazu lauten: Die Vorlage haben wir noch nie angepasst!

Excellence in Key Account Management ist kein Ziel, das Sie jemals erreichen werden. Excellence in Key Account Management ist eine kontinuierliche Reise. Der KAM-Ansatz von gestern kann fast nie die Antwort auf die Herausforderungen von morgen sein! Das KAM-Programm muss kontinuierlich angepasst, optimiert und weiterentwickelt werden.

Genau hier kommt die Funktion „Key Account Management Development & Support“ ins Spiel. Im Kapitel „Modell 5 – ganz wichtig: KAM Development & Support“ wurde bereits die organisatorische Implementierung beschrieben. In der Regel handelt es sich dabei um eine Stabsfunktion, die direkt an den Leiter (Global) Key Account Management berichtet.

Hier eine kleine Auswahl von Themen, die in diesem Team ganz weit oben auf der Agenda stehen:

- **Regelmäßige Überprüfung der Key Account-Liste**
  In der Regel sollte die Liste der Key Accounts im Rahmen der jährlichen Budgetdiskussionen überprüft werden. Das KAM Development & Support Team unterstützt und begleitet diese Überprüfung der Liste. Dazu werden die Kriterien noch einmal überprüft und gegebenenfalls angepasst. Auch die dahinterliegende Methodik und die verwendeten Werkzeuge werden kontinuierlich überprüft, weiterentwickelt oder auch komplett ersetzt. In der Regel starten Unternehmen mit einer Excel-basierten Scoring-Liste oder BCG-Matrix. Auf Dauer muss diese Analyse aber durch ein anderes, effizienteres System ersetzt werden. Dazu müssen aber Werkzeuge wie ein CRM auch fit fürs Key Account Management gemacht werden.

- **Weiterentwicklung der KAM-Werkzeuge**
  Hier nur eine kleine Auswahl von Themen, die hier typischerweise adressiert werden:
  - Key Account Plan-Vorlage und die Einbindung sowie Interaktion mit anderen Werkzeugen (zum Beispiel einem CRM-System)
  - Das CRM kontinuierlich den Anforderungen des KAM-Programms anpassen
  - Werkzeuge entwickeln, die von den Key Account Managern in der Kundenkommunikation angewendet werden können (zum Beispiel Prozessoptimierungskalkulatoren, TCO-Berechnungen, CO_2-Einsparungskalkulatoren)
  - Einführung und Weiterentwicklung von Microsoft Teams im KAM als das Kollaborationswerkzeug

- **Unterstützung bei der Erstellung von Kommunikationsmaterialien**
  Einige Unternehmen nutzen zum Beispiel gezielt Key Account spezifische Broschüren, um die individuellen Leistungen besser kommunizieren zu können. Dazu können auch Broschüren gehören, um Produkte und Leistungen innerhalb des Key Accounts individuell kommunizieren zu können.
  Beispiel: Für den Key Account wurde eine spezifische Serviceleistung entwickelt. Der Kunde hat diese Leistung jetzt auch zentralseitig eingekauft. Nun gilt es, diese Serviceleistung an allen Standorten des Key Accounts bekannt zu machen und dort zu platzieren. Diese Aufgabe übernimmt der Vertriebsverantwortliche vor Ort und nutzt dazu eine für den Key Account individuell erstellte Broschüre.

- **Vorbereitung von Key Account Plan Reviews**
  Die Account-Strategien und Account-Pläne sollten mindestens einmal im Jahr dem Topmanagement präsentiert werden. Viele Key Account Manager wünschen sich jetzt einen Sparringspartner, der sie bestmöglich auf diesen

Termin mit der Geschäftsführung vorbereitet. Genau das leistet wieder das KAM Development & Support Team. Darüber hinaus werden diese Review Termine auch durch dieses Team organisiert und begleitet.

- **Unterstützung bei Verhandlungen mit Key Accounts**
  Bei Verhandlungen sieht die Welt meist sehr zweigeteilt aus. Die Einkäufer auf der Key Account Seite besuchen in der Regel jedes Jahr Verhandlungstrainings und entwickeln die Vergabesysteme kontinuierlich weiter. Auf der Seite des Key Account Managements hat man manchmal den Eindruck, dass das Basis-Verhandlungstraining von 1980 mehr als ausreichend ist, um mit dem Kunden Verhandlungen im Millionenbereich durchführen zu können. Viele Key Manager nehmen vielleicht alle zwei Jahre mal an einer digitalen Auktion teil. Die Funktionsweise und Kniffe sind den Key Account Managern nicht wirklich bekannt, weil Ihnen schlichtweg die Erfahrung fehlt. Auch und gerade bei großen Verhandlungen braucht es eine professionelle und systematische Vorbereitung und gegebenenfalls ein Sparring vor der Verhandlung. Das KAM Development & Support Team entwickelt die Verhandlungstechniken kontinuierlich und angepasst an das Key Account Management weiter.

In Ergänzung dazu bilden viele KAM Development & Support Teams auch einen Know-how-Pool zu den Themen „Internationale Rahmenverträge und Preisabschlüsse“.

Next Level KAM-Ideen

- Wenn Sie noch ganz am Anfang stehen, wäre die Einführung der Position „KAM Development & Support“ eine Idee. Diese Funktion wird in der Regel zu Beginn von einer einzelnen Person ausgeführt.
- Wenn Ihr KAM-Programm heute noch zu klein für eine separate Ressource wäre, könnten Sie diese Position auch auf den gesamten Vertrieb erweitern. Dann sprechen wir häufig vom Sales Excellence Team.
- Unternehmen, die diese Position schon länger haben, bauen Teams häufig zu einem internen Consulting-Team aus.

3. KAM Excellence Community

„Stillstand bedeutet Rückschritt!" Diese Aussage trifft auch auf viele Key Account Management Programme zu. Das unternehmensspezifische KAM-Konzept muss sich kontinuierlich weiterentwickeln, den Veränderungen im Markt anpassen oder noch besser, diese antizipieren. Auf dem Weg zu Excellence muss das Key Account Management auch regelmäßig auf den Prüfstand gestellt, gegebenenfalls lieb gewonnene Gewohnheiten über Bord geworfen und neue Herangehensweisen ausprobiert und implementiert werden. Die Position des KAM Development & Supports stellt dabei eine treibende Kraft dar. Aber: Woher kommen nun neue Inspirationen und Ideen? Im Unternehmen sind die Key Account Manager (neben dem Leiter KAM) die Personen, die jeden Tag das KAM-Konzept mit Leben füllen, Grenzen spüren und manchmal auch unter ineffizienten Prozessen leiden. Was liegt da näher, als genau diese Anwender als Quelle für neue Ideen und Weiterentwicklungsansätze zu nutzen. Damit kommen wir zur KAM Excellence Community.

Wer sind die Mitglieder dieser Excellence Community?

Auch in der Post-Covid-Zeit wird es wieder persönliche Konferenzen und Treffen aller Key Account Manager auf nationaler oder sogar globaler Ebene geben. Auch diese „Großveranstaltungen" eignen sich hervorragend, um viele neue Ideen aus dem Team zu erhalten, neue Ideen zu präsentieren oder auch ein Feedback zu neuen Ansätzen zu erhalten. Aber solche größeren Events eignen sich selten, um tiefergehend in einzelne Aspekte des KAM einzutauchen und auch konkrete Umsetzungsideen zu entwickeln. Daher braucht es ein kleineres, aber repräsentatives Team.

Daher besteht dieses Team klassischerweise aus Repräsentanten folgender Funktionen:

- Global Key Account Manager
- National Key Account Manager
- Führungskräfte (zum Beispiel Head of National KAM)
- Backoffice
- KAM Development & Support

Alle Mitglieder dieser KAM Excellence Community haben gemeinsame Ziele und Interessen:

- Sie haben Lust darauf, das KAM weiterzuentwickeln!
- Sie jammern nicht nur, sondern suchen Lösungen!
- Sie haben Spaß an innovativen Ansätzen und Entwicklungen!
- Sie haben auch Spaß daran, neue Dinge auszuprobieren!
  UND ganz wichtig:
- Sie sind bereit, Zeit auf das Thema KAM Excellence zu investieren.

Wenn Sie jetzt alle Mitarbeiter im Key Account Management gedanklich auf diese fünf Aussagen hin überprüfen, werden Sie vermutlich feststellen, dass es am Ende auch nur wenige Teammitglieder sind, die diese Einstellung wirklich mitbringen.

Das Schlagwort „Diversity" ist für die Zusammensetzung des Teams elementar wichtig. Konkret bedeutet das, dass dieses Team verschiedene Perspektiven repräsentiert.

- Aufgabe: Global und National Key Account Manager sowie zum Beispiel Backoffice
- Regionen/Kulturen: nicht nur Key Account Manager aus einem Land, sondern idealerweise Repräsentanten aus verschiedenen Märkten und Kulturkreisen
- Alter: Erfahrene Hasen treffen auf wilde Rookies.
- Geschlecht: gemischt und eben nicht nur aus einem Geschlecht bestehend!

Regelmäßiger Austausch – intern und auch mit externen Impulsen

Diese KAM Excellence Community trifft sich mehrmals im Jahr, um an ausgewählten, vorher fest definierten Themen zu arbeiten. Die grundlegenden Fragestellungen für diese Treffen sind in der Regel allerdings immer gleich:

- Wo gibt es Best-Practice-Ansätze, die unternehmensweit multipliziert, systematisiert werden sollten?
  Beispiel: Ein Key Account Team aus den USA hat Lösungen mit einem ganz anderen Preismodell beim Key Account platzieren können. Wie kann dieses neue Preismodell auch bei weiteren Key Accounts eingeführt und damit zu einem Standard werden?
- Wo gibt es im Moment die größten Herausforderungen im Key Account Management?

Beispiel: Preisfeststellung auf internationaler Ebene führt immer wieder zu endlosen Diskussionen zwischen Key Account Manager, Produkt Manager und Landesorganisationen. Hier braucht es endlich klare Entscheidungsrichtlinien!

- Wie reagieren wir im KAM auf neue Heraus- und Anforderungen?
  Beispiel: Nachhaltigkeit als Chance im KAM!
- Wie können wir das KAM noch smarter umsetzen?
  Beispiel: Key Account Plan und die Integration/Kopplung mit dem CRM-System

Im Kern geht es immer um aktuelle Herausforderungen, Best Practice und neue innovative Ideen für das Key Account Management.

Das KAM Excellence Team ist definitiv eine gute Quelle für neue Ideen, da alle im Team aus der Praxis kommen und das KAM kennen. Aber am Ende bleiben doch alle irgendwie gefangen in der eigenen Unternehmenskultur und -umgebung. Daher macht es durchaus Sinn, immer wieder externe Referenten und Impulsgeber zu diesen Veranstaltungen mit einzuladen.

Hier ein paar Beispiele aus der Praxis:

- Ein Einkäufer oder jemand aus dem Management eines Key Accounts berichtet aus der Kundensicht über neue Herausforderungen oder auch die Zusammenarbeit mit Lieferanten.
- Ein Experte aus dem KAM hält einen Impulsvortrag über Trends oder auch Best-Practice-Fälle im KAM.
- Ein Experte zum Thema Nachhaltigkeit, Digitalisierung oder einem anderen Thema gibt Impulse für eine anschließende, vertiefende Diskussion im Team.
- Ein Key Account Manager aus einem anderen Unternehmen berichtet, wie dort das KAM umgesetzt wird und welche Erfolgsfaktoren oder auch Stolpersteine es gibt.

Tipp für Ihre Treffen: die Vier-Quadranten-Methode

Egal ob Sie Ideen im Rahmen einer großen Key Account Management Veranstaltung oder im kleineren Kreis der KAM Excellence Community sammeln, am Ende braucht es auch Klarheit darüber, welche Ideen überhaupt und in welchem Zeitrahmen umgesetzt werden.

Dabei ist eine sehr einfache Matrix sehr hilfreich. In dieser Matrix wird der Aufwand (Geld, Manpower, Zeit), der benötigt wird, um eine Idee umzusetzen, dem Effekt (effizientere Arbeitsweise, mehr Umsatz …), der sich aus dieser Idee ergibt, gegenübergestellt. Diese sehr einfache Einteilung hilft immens, eine Klarheit und Priorisierung zu schaffen.

Der Fokus sollte dabei auch auf den beiden oberen Quadranten liegen. Bei den Quick Wins kann mit wenig Aufwand bereits viel Wirkung erzielt werden. Diese Ideen sollten direkt und schnell umgesetzt werden. Haben Ideen einen großen Effekt, aber bringen auch viel Aufwand mit sich, sollten diese auch verfolgt werden. Die Matrix bringt aber auch die Klarheit, dass es sich hier um länger laufende Projekte handelt.

Alle Ideen, die einen geringen Effekt haben, sollten auch bewusst frühzeitig „beerdigt" werden.

Abbildung 31: Aufwand versus Effekt

Next Level KAM-Ideen

- Nutzen Sie das nächste Treffen aller Key Account Manager bewusst, um Impulse und Ideen für die Weiterentwicklung Ihres KAM-Programms einzusammeln. Nutzen Sie dazu am besten die oben gezeigte Vier-Quadranten-Methodik.
- Initiieren Sie ein KAM Excellence Team.
- Wenn Sie schon ein KAM Excellence Team installiert haben, nutzen Sie bewusst auch externe Referenten, um neue Impulse zu erhalten.

4. Ein Training im KAM pro Jahr ist Pflicht!

Vielleicht haben Sie folgende Aussage auch schon einmal gehört oder vielleicht sogar selbst geäußert: Key Account Management ist Champions League!

Wow, oder? Bei den Key Accounts sprechen wir von den Topkunden oder sogar strategischen Partnern, beim Verkauf sprechen wir vom strategischen Verkaufen, wir sprechen über C-Level-Gespräche und noch viel mehr. Im Kapitel „Key Account Management-Trainingsakademie“ wurden bereits verschiedene Seminarbausteine aufgezeigt. In einigen Unternehmen kann man allerdings den Eindruck bekommen, dass zu Beginn ein paar Trainings angeboten und durchgeführt werden. Danach gelten die Key Account Manager dann aber als fertig ausgebildet! Dieser Anspruch passt überhaupt nicht zu dem oben genannten Champions-League-Anspruch! Es gibt in diesem Bereichen selbstverständlich auch viele gute Beispiele in der Industrie. Unternehmen wie Würth betreiben eine eigene Akademie und jeder Mitarbeiter hat die Möglichkeit, mehrere Seminare pro Jahr zu besuchen. Aber das ist leider eben nicht der Standard.

Aus meiner Sicht muss jeder Key Account Manager mindestens ein auf das KAM bezogene Training pro Jahr durchlaufen.

Hier nur ein paar Beispiele:

- Prozesse des Key Accounts analysieren und Kostenoptimierung kalkulieren
- Einkaufen aus Sicht eines globales Key Accounts
- Interkulturelle Aspekte im KAM
- Umgang mit globalen Ausschreibungen/Tendern und Auktionen

Laden Sie zu diesen Trainings auch ausgewählte Key Accounts als Gastredner ein, die ihre Erwartungen wie aber auch Erfahrungen mit dem KAM aus Sicht des Kunden präsentieren.

Next Level KAM-Ideen

- Gibt es bei Ihnen schon einen Prozess, der sicherstellt, dass die Key Account Manager einmal im Jahr an einem auf das KAM bezogenen Seminar teilnehmen?
- Wie aktuell ist Ihr Seminarangebot? Passt es noch zu den ganz aktuellen Themen, die heute und morgen auch relevant sind?
- Welche Aufbauseminare bieten Sie dieses Jahr konkret im Key Account Management an?

5. Key Account-Strategieworkshops – einmal pro Jahr ist Pflicht!

Im Kapitel „7. Wenige, aber wichtige Werkzeuge im KAM nutzen" (S. 128) wurde der Key Account Plan bereits als ein zentrales Werkzeug im Key Account Management vorgestellt. Aufbauend auf einer strukturierten Analyse beschreibt dieser Plan die kurz- und mittelfristigen, strategischen Ziele sowie die dazugehörigen Umsetzungsstrategien und Maßnahmen. Diese Key Account-Strategie muss regelmäßig überprüft werden. Kleinere Updates vom Key Account Plan erfolgen durchaus kontinuierlich. Allerdings braucht es in der Regel mindestens einmal im Jahr eine generelle Überprüfung und Anpassung der Ziele und Strategien. Gerade in globalen Key Account Teams ist ein gemeinsames Verständnis über die aktuelle Situation, die Potenziale, Chancen und Risiken sowie über die gemeinsamen Ziele und Umsetzungsstrategie ein kritischer Erfolgsfaktor. Genau hier setzt der jährliche Strategieworkshop an. Die Mitglieder des Key Account Teams treffen sich zu einem strukturierten Workshop, um gemeinsam die Ziele und Strategien zu überprüfen respektive diese weiterzuentwickeln.

Agenda

Hier eine Idee für die Struktur eines globalen Key Account-Strategieworkshops:

1	**Begrüßung** (Key Account Manager plus Management) Idee: Bei Top Key Accounts oder auch Global Key Accounts erfolgt die Begrüßung durch das eigene Topmanagement. Damit unterstreichen Sie noch einmal die Bedeutung von diesem Key Account, aber auch von diesem Workshop.
2	**Impulsvortrag vom Key Account** Jemand aus der Key Account Organisation wird zum Beispiel online zugeschaltet. In diesem Agendapunkt berichtet der Kunde über seine Erfahrungen der letzten zwölf Monate mit dem Lieferanten und präsentiert seine Unternehmens- oder Sourcing-Strategie sowie aktuelle Herausforderungen.
3	**News & Updates aus dem Headquarter des Key Accounts** Der Global Key Account Manager berichtet aus der globalen Sicht über den aktuellen Stand der Geschäftsbeziehung beziehungsweise auch über Neuigkeiten aus der Firmenzentrale des Key Accounts (zum Beispiel bezüglich der Organisation, Einkaufsstrategie, Projekte, strategische Ziele).

4	**Status quo und News & Updates aus den Ländern** Anschließend berichten die nationalen Key Account Manager über den aktuellen Stand der Geschäftsbeziehung in dem jeweiligen Land sowie von Best-Practice-Fällen, die auch für die anderen Teammitglieder interessant sein können.
5	**Fokus Sprints** In Sprints beziehungsweise in Workshops arbeiten die Teammitglieder jetzt an Einzelthemen. *Beispiele:* Topchancen/Risiken im nächsten Jahr, internationales Beziehungsnetz beim Key Account, Best-Practice-Austausch
6	**Strategische Ziele – Strategien – Umsetzungspläne** In diesem letzten Teil werden die kurz- und mittelfristigen Ziele, Strategien und Aktionspläne gemeinsam erarbeitet.

Nutzen Sie für den jeden Punkt Ihrer Agende vier fest vorgegebene Folien aus dem Key Account Plan.

Seien Sie unbedingt strickt beim Zeitmanagement. In meinen Workshops nutze ich dazu die Timer-Funktion von Windows und lasse einen Countdown herunterlaufen. So erhält beispielsweise im Agendapunkt 4 jeder NKAM 15 Minuten für seine News & Updates aus seinem Land.

Dokumentation

Die Dokumentation der Ergebnisse erfolgt über den Key Account Plan!

Zeitpunkt

Wenn Sie diesen Workshop direkt vor der jährlichen Budgetplanung durchführen, können Sie die Ergebnisse aus dem Workshop gleich in die Planungsgespräche mit einfließen lassen. Außerdem stellen Sie so auch sicher, dass Sie auf globaler Ebene ein einheitliches Verständnis über die Chancen, Risiken und Potenziale im Team haben. Das sollte anschließend zu weniger Diskussionen bezüglich des Budgets mit den Landesorganisationen führen.

Next Level KAM-Ideen

- Initiieren Sie zumindest für die Top 5 (Global) Key Accounts den Strategieworkshop in Präsenzform. Die Reisekostenthematik darf bei den Top 5 Key Accounts keine Ausrede sein und während der kontinuierliche Austausch digital erfolgen kann, braucht es hier auch einmal die körperliche Präsenz aller im Raum!
- Stellen Sie über einen Prozess sicher, dass diese Strategieworkshops auch wirklich einmal im Jahr durchgeführt werden. Damit lösen Sie sich von dem Einzelengagement der Key Account Manager und stellen sicher, dass die Workshops zur richtigen Zeit auch durchgeführt werden.
- Finden die Workshops bei Ihnen im Unternehmen schon zeitlich passend zu Ihrer Budgetplanung statt?

6. Key Account Plan Reviews – wann, wie oft und wie?

Die Key Account Pläne wurden von den Key Account Teams erstellt. Was jetzt noch fehlt, ist das Bekenntnis vom Management und der restlichen Organisation, die gesetzten Ziele und die erarbeiteten Strategien auch zu unterstützen. Genau dieses Ziel wird mit den Account Plan Reviews verfolgt. Jeder Key Account Manager hat die Aufgabe, seinen Key Account Plan dem sogenannten Review Board zu präsentieren.

Wer sitzt im Review Board?

Das Review Board leitet das jährliche Key Account Plan Review und ist darüber hinaus befugt, entsprechende Unternehmensentscheidungen zu treffen. Aufgrund der Tragweite von Key Account Management setzt sich das Review Board im Allgemeinen wie folgt zusammen:

- Vertreter der Geschäftsleitung
- Leiter (Global) Key Account Management
- Vertriebsleiter oder auch Leiter von Vertriebsregionen (zum Beispiel EMEA, Asia)
- Bereichsleiter einzelner Produkt- oder Servicebereiche

Die oben aufgezeigte Zusammensetzung gilt insbesondere für die Top 5 bis 10 Global Key Accounts. Bei nationalen Key Accounts erfolgt das Review auf nationaler Ebene.

- Country Manager
- Leiter Key Account Management
- Vertriebsleiter
- Bereichsleiter einzelner Produkt- oder Servicebereiche

Wenn Sie Key Account Management als Vertriebsansatz leben und damit viele Key Accounts im Unternehmen ausgewählt haben, kann dieses Review auch sehr fokussiert durchgeführt werden.

Beispiel: Der Leiter KAM reviewed nur die Pläne für die Top 5 Key Accounts eines Key Account Managers.

Wann finden diese Reviews statt?

In den meisten Unternehmen finden diese Reviews einmal jährlich im Rahmen der Budgetplanung statt. Das macht aus vielerlei Sicht Sinn.

1. Die Fachbereiche können aufgrund der gehörten Anforderungen und Ziele ihre eigene Kapazitäts- und Budgetplanung entsprechend anpassen.
2. Die Fachbereiche können aber auch frühzeitig vor der finalen Verabschiedung der Budgets ihr Veto einreichen, wenn Projekte, Ziele und Vorhaben der Key Account Teams nicht unterstützt werden können.
3. Die Aussagen aus den ersten beiden Punkten gelten genauso für die Vertreter des Flächenvertriebs oder den Unternehmensregionen.

Kurzum: Für die Top Key Accounts erreichen Sie so ein einheitliches Verständnis im Management Team des Unternehmens über die Anforderungen, Ziele und notwendigen Ressourcen!

Next Level KAM-Ideen

- Führen Sie für die Top 10 Key Accounts-Strategiereviews auf Managementebene durch.
- Stellen Sie sicher, dass diese Reviews auch regelmäßig und strukturiert auf nationaler Ebene in den Ländern beziehungsweise Regionen durchgeführt werden.
- Stellen Sie über einen Prozess sicher, dass die Reviews nicht nur zufällig, sondern regelmäßig stattfinden.

7. KAM-Zertifizierung nach efkam – wirklich sinnvoll?

Neben dem Feedback von den Key Accounts gibt es noch eine weitere Möglichkeit, eine externe Sichtweise auf das eigene KAM-Programm zu erhalten. Die European Foundation for Key Account Management (efkam) hat sich zum Ziel gesetzt, Qualitätsstandards im KAM zu definieren, Unternehmen zu zertifizieren und einen intensiven Austausch mit Industriepartnern zum Thema Trends im KAM voranzutreiben. Initiiert durch Dr. Hans Sidow – dem Vordenker zum Thema KAM im deutschsprachigen Raum – finden Sie heute das „Who is who" der KAM-Experten in dieser Organisation.

Sie haben die Möglichkeit, Ihr Key Account Management anhand des Qualitätshandbuches auf Herz und Nieren überprüfen zu lassen. Am Ende dieser Überprüfung steht eine Zertifizierung nach EFKAM, die in drei Stufen gegliedert ist:

- KAM Basic
- KAM Advanced
- KAM Professional

Der Audit- und Zertifizierungsprozess umfasst vier Stufen:

1. **Vorgespräch mit Ihnen**
   In einem Vorgespräch mit Ihnen werden die Eckpunkte und der Umfang des Audits vereinbart. Dabei wird festgelegt, ob das Audit auf nationaler oder internationaler Ebene durchgeführt werden soll. Abgeleitet daraus werden die Dokumente identifiziert, die im Audit gesichtet werden, sowie die Personen festgelegt, die im Audit interviewt werden. Gemeinsam stimmen wir auch die auditbegleitende Kommunikation in Ihrem Hause ab.

2. **Audit in Ihrem Hause**
   In Abstimmung mit Ihnen werden die beiden zertifizierten efkam Auditoren in Ihrem Unternehmen das eigentliche Audit durchführen. Die Auditoren werden ausgewählte Unterlagen, wie zum Beispiel Key Account Pläne oder auch eine Kundenportfolio-Auswertung, sichten und anhand des efkam Qualitätshandbuches bewerten. Im Anschluss daran wird eine Reihe von persönlichen Interviews durchgeführt, die in der Regel zwei Stunden pro Teilnehmer in Anspruch nehmen. Neben dem Leiter des Key Account Managements werden auch mindestens ein Vertreter der Geschäftsführung, sowie circa ein Viertel der Key Account Manager (mindestens jedoch

drei) und Mitarbeiter aus ausgewählten Schnittstellenbereichen des Key Account Managements interviewt.

3. **Auswertung und Zertifizierung**
   Die Auditoren werten die Ergebnisse der Dokumentensichtung sowie der durchgeführten Interviews aus und stellen in Abhängigkeit vom Ergebnis ein Zertifikat aus. Im Rahmen des Audits werden pro Bereich Punkte in einer Skala von 0 bis 9 vergeben.
   Bei durchschnittlich 4,0 bis 6,9 Punkten wird das Zertifikat Advanced ausgestellt.
   Bei durchschnittlich 7,0 bis 9,0 Punkten wird das Zertifikat Professional ausgestellt.

4. **Abschlusspräsentation und Übergabe des Zertifikats**
   Sie erhalten eine Abschlusspräsentation mit den Ergebnissen aus dem Audit. Die Präsentation enthält auch konkrete Handlungsempfehlungen, die mögliche Bereiche aufzeigen, in denen Sie Ihr Key Account Management noch weiter professionalisieren können. Sofern die notwendige Punktzahl erreicht wurde, übergeben wir Ihnen in dieser zwei- bis dreistündigen Präsentation auch gern Ihr Zertifikat.

Mehr Information zu efkam finden Sie auch unter: www.efkam.de

Gern stehe ich Ihnen für Fragen zur efkam und der Zertifizierung auch persönlich zur Verfügung.

Next Level KAM-Ideen

- Wie stellen Sie sicher, dass Sie auch kontinuierlich Impulse von außen erhalten, um Ihr KAM-Konzept weiterzuentwickeln? Ohne diese Impulse von außen werden wir alle ein Stück weit betriebsblind!

Bücher, die ich im Bereich KAM lesen würde

In Büchern gibt es am Ende immer noch ein Literaturverzeichnis. Manche Bücher scheinen den eigenen geistigen Anspruch durch ewig lange Literaturlisten unterstreichen zu müssen. Gestatten Sie mir, hier etwas anders vorzugehen und Ihnen nur drei ausgewählte Bücher zur weiteren Vertiefung vorzuschlagen.

Spitzenleistungen im Key Account Management: Das St. Galler KAM-Konzept

Von Christian Belz, Markus Müllner, Dirk Zupancic

Das KAM Modell von der Universität St. Gallen ist ein hervorragendes und durchdachtes Konzept. Wer Key Account Management einführen beziehungsweise ganzheitlich verstehen möchte, sollte dieses Buch gelesen haben.

https://amzn.to/3k0qpkm

Der Key Account Manager: Aufgaben, Werkzeuge und Erfolgsfaktoren

Von Hartmut Sieck

Verzeihen Sie mir, dass ich an dieser Stelle auf eines meiner weiteren Bücher verweise. Das Buch „Der Key Account Manager" ist das einzige Buch, das sich gezielt an Key Account Manager richtet und viele Werkzeuge, Tipps und Tricks für die Umsetzung von KAM beinhaltet.

https://amzn.to/3IpVWFF

Key Account Management: Tools and Techniques for Achieving Profitable Key Supplier Status

Von Peter Cheverton

Dieses Buch in englischer Sprache ist schon fast ein Klassiker, der permanent weiterentwickelt wurde.

https://amzn.to/3XwECDe

Über Hartmut Sieck

Aufbauend auf einer zehnjährigen Karriere in der Industrie hat Hartmut Sieck 2002 die Unternehmensberatung SIECK consulting gegründet.

Im Rahmen seiner Tätigkeit als Unternehmensberater begleitet er Konzerne und mittelständische Unternehmen weltweit bei der Einführung und Weiterentwicklung von Key Account Management Strukturen. Als Redner und Trainer unterstützt er Unternehmen bei der Ausbildung und Weiterentwicklung von Key Account Managern und Key Account Teams.

Hartmut Sieck ist Gründungsmitglied der „European Foundation for Key Account Management“ (kurz efkam), die sich mit Qualitätsstandard im Key Account Management auseinandersetzt.

Zu seinen zahlreichen Büchern gehört auch der Amazon-Bestseller „Der Key Account Manager“.

Kontakt:
www.sieck-consulting.de
E-Mail: h.sieck@sieck-consulting.de

Index